"十四五"职业教育国家规划教材

| 职业教育校企合作精品教材 |

网页制作基础

（Dreamweaver CS6）

（第3版）

卢广峰　袁　勤　主　编

电子工业出版社

Publishing House of Electronics Industry

北京·BEIJING

内 容 简 介

本书基于某信息科技有限公司的网站建设项目和网页设计岗位的能力要求，以网站建设工作过程为导向，以 Dreamweaver CS6 为制作平台，将网站建设全过程分解为 8 个项目——认识网站，创建和管理站点，网页布局，创建网页，使用行为添加导航特效，创建表单，使用模板和库，网站的测试、部署与发布，作为训练学生网站建设和网页制作能力的载体。在各个项目的具体任务中，又按照"任务目标"→"任务描述"→"任务分析"→"操作步骤"→"知识链接"→"拓展与提高"→"试一试"来组织教学内容和设计教学过程，并设计了总结与回顾、实训和习题等环节，兼顾教师项目教学和学生自主学习的双重需求。

本书既可以作为中等职业学校计算机相关专业的教材，也可以作为相关专业初学者入门学习的辅导书和参考用书。

图书在版编目（CIP）数据

网页制作基础：Dreamweaver CS6 / 卢广峰，袁勤主编．—3 版．—北京：电子工业出版社，2022.2

ISBN 978-7-121-42933-0

Ⅰ. ①网… Ⅱ. ①卢… ②袁… Ⅲ. ①网页制作工具—中等专业学校—教材 Ⅳ. ①TP393.092.2

中国版本图书馆 CIP 数据核字（2022）第 024504 号

责任编辑：罗美娜　　　　　特约编辑：田学清
印　　刷：三河市华成印务有限公司
装　　订：三河市华成印务有限公司
出版发行：电子工业出版社
　　　　　北京市海淀区万寿路 173 信箱　　邮编：100036
开　　本：880×1 230　　1/16　　印张：13.5　　字数：294 千字
版　　次：2015 年 8 月第 1 版
　　　　　2022 年 2 月第 3 版
印　　次：2024 年 12 月第 12 次印刷
定　　价：38.00 元

河南省中等职业教育校企合作精品教材

出版说明

为深入贯彻落实《河南省职业教育校企合作促进办法（试行）》（豫政〔2012〕48号）精神，切实推进职教攻坚二期工程，编者在深入行业、企业、职业学校调研的基础上，经过充分论证，按照校企"1+1"双主编与校企编者"1∶1"的原则要求，组织有关职业学校一线骨干教师和行业、企业专家，编写了河南省中等职业学校计算机应用专业的校企合作精品教材。

这套校企合作精品教材的特点主要体现在以下方面：一是注重与行业联系，实现专业课程内容与职业标准对接，学历证书与职业资格证书对接；二是注重与企业的联系，将"新技术、新知识、新工艺、新方法"及时编入教材，使教材内容更具有前瞻性、针对性和实用性；三是反映技术技能型人才培养规律，把职业岗位需要的技能、知识、素质有机地整合到一起，真正实现教材由以知识体系为主向以技能体系为主的跨越；四是教学过程对接生产过程，充分体现了"做中学，做中教"和"做、学、教"一体化的职业教育教学特色。编者力争通过本套教材的出版和使用，为全面推行"校企合作、工学结合、顶岗实习"人才培养模式的实施提供教材保障，为深入推进职业教育校企合作做出贡献。

在这套校企合作精品教材的编写过程中，校企双方的编写人员力求体现校企合作精神，努力将教材高质量地呈现给广大师生。本次教材编写进行了创新，但是由于编者水平和编写时间所限，书中难免会存在疏漏和不足之处，敬请广大读者提出宝贵意见和建议。

河南省职业技术教育教学研究室

本书依据教育部发布的中等职业学校计算机应用专业教学指导方案教学基本要求，并结合河南省的教学实际与计算机行业的岗位需求而编写。党的二十大报告指出，"办好人民满意的教育。教育是国之大计、党之大计。培养什么人、怎样培养人、为谁培养人是教育的根本问题。育人的根本在于立德。全面贯彻党的教育方针，落实立德树人根本任务，培养德智体美劳全面发展的社会主义建设者和接班人。坚持以人民为中心发展教育，加快建设高质量教育体系，发展素质教育，促进教育公平。"本书坚持"以服务为宗旨，以就业为导向"的职业教育办学方针，充分体现以全面素质为基础，以能力为本位，以适应新的教学模式、教学制度需求为根本，以满足学生需求和社会需求为目标的编写指导思想。在第 2 版的基础上，根据使用学校的反馈，修订和调整了部分内容，并且加入了关于网页制作的新的知识点，力求突出以下特色。

1. 内容先进

本书按照计算机行业的发展现状，更新了教学内容，体现了新知识的应用。本书使用 Dreamweaver CS6 为操作平台进行网页设计，实现网站的管理，给网页添加动感内容，并制作出支持数据库的动态网页。

2. 知识实用

本书结合中等职业学校的教学实际，以"必需、够用"为原则，降低了理论难度，突出了常用的网页制作所必须掌握的知识技能的讲解，可以更好地提高学习效率。

3. 突出操作

本书以应用为核心，以培养学生的实际动手能力为重点，力求做到"学"与"教"并重，科学性与实用性相统一，紧密联系生活、生产实际，将传授理论知识与培养操作技能有机地结合起来。本书通篇贯穿完整网站的制作过程，与生产实践相结合，操作性强，理论内容适当，体现了面向就业的教学思想。

4. 结构合理

本书紧密结合职业教育的特点，借鉴近年来职业教育课程改革和教材建设的成功经验，在基本教学内容的编排上采用了项目引领和任务驱动的设计方式，符合学生的认知与技能养成规律。本书的每个项目均由若干个任务构成，将知识点融于任务之中，并且注重知识和技能的迁移，有利于激发学生学习的积极性。

5. 教学适用性强

在完成一个具体任务的基础上，设计了拓展与提高、试一试、总结与回顾、实训和习题等环节，便于教师教学和学生自学。

6. 配备了教学资源包

本书配备了包括电子教案、教学指南、教学素材和习题答案等内容在内的教学资源包，为教师备课提供全方位的服务。请对此有需要的读者登录华信教育资源网免费注册后进行下载。

本书共 8 个项目：项目 1 认识网站，主要介绍网站的基础知识；项目 2 创建和管理站点，主要介绍如何创建和管理站点；项目 3 网页布局，主要介绍如何利用表格和 Div+CSS 布局方式来布局网页；项目 4 创建网页，主要介绍如何制作和美化网页；项目 5 使用行为添加导航特效，主要介绍行为的相关知识及如何使用行为添加导航特效；项目 6 创建表单，主要介绍表单的相关知识及如何在网页中创建表单并设置表单的属性；项目 7 使用模板和库，主要介绍模板和库的相关知识及模板和库的使用方法；项目 8 网站的测试、部署与发布，主要介绍如何进行网站的测试、上传、发布、推广和宣传。

本书的参考课时为 64 课时，在教学过程中可以参考以下课时分配表。

课时分配表

项　　目	课程内容	课 时 分 配		
		讲授/课时	实训/课时	合计/课时
项目 1	认识网站	2	2	4
项目 2	创建和管理站点	2	4	6
项目 3	网页布局	4	4	8
项目 4	创建网页	4	8	12
项目 5	使用行为添加导航特效	4	4	8
项目 6	创建表单	2	4	6
项目 7	使用模板和库	2	4	6
项目 8	网站的测试、部署与发布	2	2	4
	综合实训		10	10

本书由河南省职业技术教育教学研究室组编，由卢广峰和袁勤担任主编，由邹崴担任副主编，参与本书编写的人员还有任新荣、段红凯、张延玲、梁礼中、卞孝丽和郭华。

由于编者水平和编写时间所限，书中难免会存在疏漏和不足之处，敬请广大读者给予批评指正。

编　者

目录

认 识 网 站

随着信息技术的发展，网络已经成为人们学习和生活必不可少的信息窗口。通过连接 Internet 上的站点，企业可以宣传自己的产品，政府可以发布有关的政策法规，学校可以为学生提供教学信息，个人可以展示自己的爱好和才能等。由于网页不仅可以更容易地表现产品、服务的特性和思想，而且方便、快捷，因此逐渐成为人们的理想选择。当然，网络上的信息非常多样，人们需要学会辨别信息的真假和优劣，科学文明地上网。为了充分利用网络资源，很多企业和单位都在加紧建设自己的网站，因此对网页制作人员有很大的需求。本项目介绍的内容可以使初学者对网页开发做必要的知识准备。

项目目标

（1）了解网页和网站的相关知识。
（2）了解 HTML 的基本知识及作用。
（3）理解网站规划与设计的基础知识。
（4）了解网站项目的开发流程。

项目描述

本项目将通过 3 个任务来介绍网页和网站的相关知识，并在此基础上，以优秀的企业网站为例来说明如何规划和设计网站，以及网站项目的具体开发流程。

任务 1　认识网页的实质

任务目标

（1）了解网页和网站的相关知识。
（2）了解 HTML 的基本知识及作用。

任务描述

网站通常由一系列的网页构成，网页是构成网站的基本元素。本任务通过使用记事本创建一个简单网页来让读者初步认识 HTML，以及了解网页的实质。

任务分析

本任务通过手动编写一个简单的网页文件来让读者观察显示效果，从而了解 HTML 的作用。

操作步骤

步骤 1：手动编写简单网页。

（1）打开记事本并输入如图 1-1 所示的内容。

（2）将文件保存到桌面上，并将文件名设置为 first.html。

（3）在桌面上双击刚刚创建的文件 first.html，在 IE 浏览器中显示如图 1-2 所示的网页。

图 1-1　在记事本中输入的内容　　　　图 1-2　在 IE 浏览器中显示网页

步骤 2：浏览并保存其他网页的内容。

青少网是一家综合性的青少年门户网站，以服务青少年成长为理念，以服务青少年发展为导向，以整合共享社会资源为基础，以现代化信息技术为依托，进而提供全面而多元化的信息服务。通过浏览青少网，我们可以及时了解国内外新闻和关于青少年成长方面的信息，对我们的学习和生活都十分有益。下面让我们一起访问青少网。

（1）打开 IE 浏览器，在地址栏中输入青少网的网址，然后按下 Enter 键或单击地址栏右侧的"转到"按钮。如果计算机没有接入互联网，则可以直接打开本书素材中的"素材\项目 1\示例\01\青少网.htm"文件。

（2）青少网的主页面如图 1-3 所示，然后选择"工具"→"文件"→"另存为"命令。

图 1-3 青少网的主页面

（3）在弹出的"保存网页"对话框中，指定保存路径、文件名和保存类型，然后单击"保存"按钮，如图 1-4 所示。

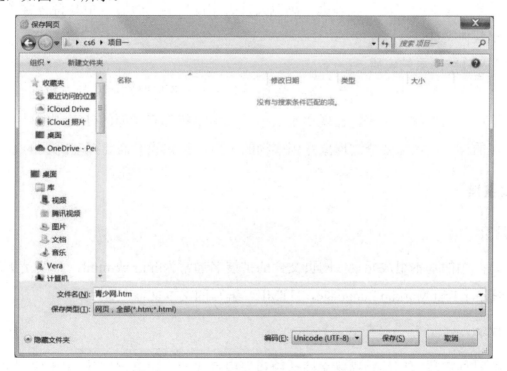

图 1-4 "保存网页"对话框

（4）用记事本打开桌面上刚刚保存的"青少网.htm"文件，使用查看源代码的方式观察其中的内容，如图 1-5 所示。需要注意的是，文件中有许多内容被尖括号（<>）括起来了，这些就是 HTML 标签。

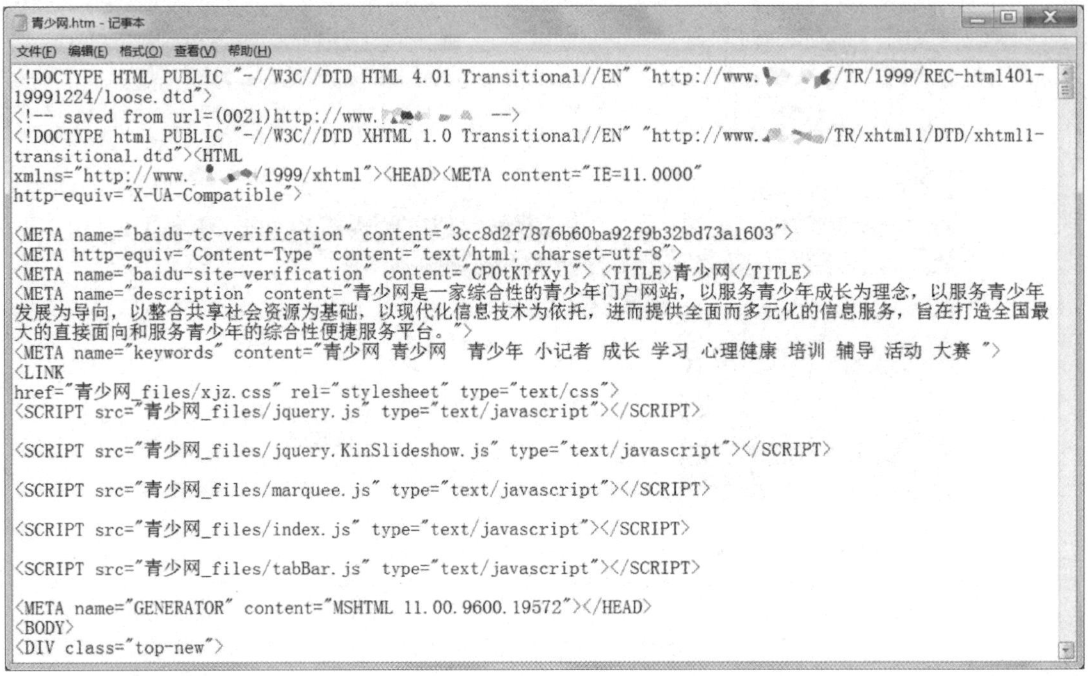

```
青少网.htm - 记事本
文件(F) 编辑(E) 格式(O) 查看(V) 帮助(H)
<!DOCTYPE HTML PUBLIC "-//W3C//DTD HTML 4.01 Transitional//EN" "http://www.      /TR/1999/REC-html401-19991224/loose.dtd">
<!-- saved from url=(0021)http://www.        -->
<!DOCTYPE html PUBLIC "-//W3C//DTD XHTML 1.0 Transitional//EN" "http://www.      /TR/xhtml1/DTD/xhtml1-transitional.dtd"><HTML
xmlns="http://www.      /1999/xhtml"><HEAD><META content="IE=11.0000"
http-equiv="X-UA-Compatible">

<META name="baidu-tc-verification" content="3cc8d2f7876b60ba92f9b32bd73a1603">
<META http-equiv="Content-Type" content="text/html; charset=utf-8">
<META name="baidu-site-verification" content="CP0tKTfXyl"> <TITLE>青少网</TITLE>
<META name="description" content="青少网是一家综合性的青少年门户网站，以服务青少年成长为理念，以服务青少年发展为导向，以整合共享社会资源为基础，以现代化信息技术为依托，进而提供全面而多元化的信息服务，旨在打造全国最大的直接面向和服务青少年的综合性便捷服务平台。">
<META name="keywords" content="青少网 青少网  青少年 小记者 成长 学习 心理健康 培训 辅导 活动 大赛 ">
<LINK
href="青少网_files/xjz.css" rel="stylesheet" type="text/css">
<SCRIPT src="青少网_files/jquery.js" type="text/javascript"></SCRIPT>

<SCRIPT src="青少网_files/jquery.KinSlideshow.js" type="text/javascript"></SCRIPT>

<SCRIPT src="青少网_files/marquee.js" type="text/javascript"></SCRIPT>

<SCRIPT src="青少网_files/index.js" type="text/javascript"></SCRIPT>

<SCRIPT src="青少网_files/tabBar.js" type="text/javascript"></SCRIPT>

<META name="GENERATOR" content="MSHTML 11.00.9600.19572"></HEAD>
<BODY>
<DIV class="top-new">
```

图 1-5　网页源文件

（5）打开“青少网_files”文件夹，浏览文件夹中的内容，查看其中是否包含了网页中出现的图片和其他文件。

步骤 3：总结网页的实质。

网页文件本身是一个文本文件，这些文本能够将文字及其他媒体文件有机地组织在一起，并在浏览器中适当地显示出来。在现实生活中，很多事物都有华丽的外表，但是我们不能只看事物外在的样子，还需要透过现象看到事物的本质，正如我们需要探究网页的本质一样。

知识链接

1．网页

网页是网站的基本组成元素。网页文件的扩展名通常为.htm 或.html，一般是由超文本标记语言（Hyper Text Markup Language，HTML）编写的文本文件。

2．HTML

HTML 是使用特殊标签来描述文档结构和表现形式的一种语言，可以用于实现 Web 页面。1999 年诞生的 HTML 4.01，正在被 2014 年公布的 HTML5 标准规范取代。一个 HTML 文档通常分为文档头部和文档主体两部分。

3．标签

在 HTML 中定义了许多标签，这些标签使用尖括号<>将描述文档括起来。标签通常分为开始标签和结束标签，格式如下：

```
<标签名 属性名=属性值>标签内容</标签名>
```

下面是一个简单网页的代码：

```
<html>
<!--文档头部-->
<head>
<title>我的第一个网页</title>
</head>
<!--文档主体-->
<body bgcolor=yellow text=red>
<h1>这是我的第一个网页
<p>欢迎大家
</body>
</html>
```

上述网页代码中各个标签的作用如下所述。

（1）<html>…</html>：用于标记一个 HTML 文档的开始和结束。HTML 文档中的所有内容都书写在这两个标签之间。

（2）<head>…</head>：用于标记文档头部的开始和结束，文档头部通常包括网页标题和创作信息等内容，在浏览网页时不会在浏览器窗口中显示。

（3）<title>和</title>：用于设置网页的标题。该标签不能包含其他标签，且只能在一个 HTML 文档的<head>和</head>标签中出现一次。当浏览网页时，网页的标题会出现在浏览器窗口的标题栏中。

（4）<body>和</body>：主体标签，该标签包含在<html>和</html>标签内。文档主体包括了网页显示的内容，如文字、超级链接、图像、表格和其他对象。

（5）<p>和</p>：用于标记一个段落的开始和结束。

（6）<h1>：用于说明其后的文字是一级标题。

（7）<!--注释内容-->：注释标签。

HTML5 提供了一些新的标签，如<nav>和<footer>标签；取消了一些过时的 HTML4 标签，其中包括纯粹显示效果的标签，如<font>和<center>标签，它们已经被 CSS 取代。

4．网页开发平台

在早期制作网页时，网页设计师需要通过手动编写 HTML 代码来实现，因此开发效率非常低。网页开发平台的出现，使这些复杂代码的编写变得十分容易。在这些网页开发平台中，用户只需要使用鼠标单击，网页开发平台就能帮助用户"书写"出相应的代码，这样即使用户不懂 HTML 也能制作出漂亮的网页。Dreamweaver 就是一款网页开发平台，其中使用较多的版本是 Adobe Dreamweaver CS6。该软件同时适用于初学者和专业的网页设计师，是一款优秀的"所见即所得"的可视化网页编辑软件。另外，FrontPage 也是一款常用的网页开发平台，它是由 Microsoft 公司开发的，适用于初学者。

5．网页制作辅助工具

（1）图像处理工具 Photoshop。Photoshop 不仅能制作出计算机图形，还为网页图像制作提供了强大的支持，已经成为使用广泛的网页图像处理工具之一。

（2）动画制作工具 Flash。Flash 是流行的矢量动画设计与制作工具，在网页动画制作中被广泛应用。

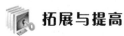 **拓展与提高**

1．标签属性

每个标签在标签名以外还可以包含一个或多个"属性"，用于控制标签内容的大小、颜色、位置和边框等。例如，在\<body bgcolor=blue text=red\>标签中，bgcolor=blue 就是\<body\>标签的一个属性，用于进一步说明网页的背景颜色为蓝色。如果一个标签有多个属性，则各个属性中间需要使用空格隔开。\<body\>标签的常用属性如表 1-1 所示。

表 1-1　\<body\>标签的常用属性

属 性 名	作　　用
background	使用图像设置网页背景
bgcolor	设置网页的背景颜色
text	设置网页中所有文本的颜色
link	设置超级链接尚未被访问时文本的颜色，默认为蓝色
vlink	设置超级链接被访问后文本的颜色

2．网页基本元素

网页中的元素主要有文本、图像、视频、声音、动画、表格和表单等。

 试一试

使用记事本打开 first.html 文件，将网页的标题修改为"这里显示标题"，将网页的背景颜色设置为绿色。保存文件并关闭记事本，然后在 IE 浏览器中查看显示结果。

任务 2 网站规划与设计

任务目标

（1）了解如何确定网站主题。

（2）了解如何构思网站的整体风格并确定配色。

（3）了解如何规划和设计网页布局。

（4）了解如何规划网站的功能架构和板块结构。

任务描述

在互联网中，我们会浏览到很多网站，这些网站各具特色。通过欣赏优秀的网站案例，我们可以学到网站规划与设计的基本知识。

任务分析

通过浏览实际的网站来了解网站的分类，并理解创建一个网站不是简单地创建一个页面，而是需要进行前期规划，如确定网站的定位、确定网站的主题和名称、构思网站的整体风格、确定网站的整体配色、规划和设计网页布局、规划网站的功能架构和板块结构等。

操作步骤

步骤 1：欣赏优秀的网站，了解网站的分类。

互联网中的网站多种多样，可以从不同的角度进行分类。

（1）按照功能分类：电子商务、生活服务、娱乐休闲、文化教育和政府机构等类型的网站。例如，易趣网属于电子商务类网站，而教育部全国青少年普法网则属于教育类网站，它们的主页面分别如图 1-6 和图 1-7 所示[①]。

（2）按照性质分类：政府、商业、企业、个人、教育科研和非营利机构等网站。例如，中国教育和科研计算机网网站属于教育科研网站，而盛京银行网站则属于企业网站，它们的主页面分别如图 1-8 和图 1-9 所示。

---

① 随着时间的推移，本书中所列举的网站可能会不断更新或发生其他改变，使得本书中采用的列举网站的页面截图有所滞后，但是这并不会影响对本书内容的说明，敬请读者予以理解。

（3）按照行业分类：教育、医疗、保险、健康、金融、房地产、文化和体育等行业网站。例如，CBA 官方网站属于体育行业网站，该网站的主页面如图 1-10 所示。

图 1-6　易趣网的主页面

图 1-7　教育部全国青少年普法网的主页面

图 1-8　中国教育科研计算机网站主页页面

图 1-9　盛京银行网站主页页面

图 1-10　CBA 官方网站主页页面

步骤 2：分析某企业网站，了解网站规划与设计的过程。

某企业网站的主页面如图 1-11 所示，分析该网站，了解网站规划与设计的过程。

图 1-11　某企业网站的主页面

（1）网站的定位：企业建立企业网站的目的一般是通过网络来宣传本企业的企业文化、发布企业信息、展示企业的产品、为客户提供服务等。因此，该网站的定位为宣传本企业的经营理念并展示良好的企业形象。

（2）网站的整体风格和配色：该网站整体层次分明，结构简洁，色彩明快；在色彩上以蓝色为主色调，体现了诚信、高效和稳重的企业追求；在设计上利用色彩的明度变化来控制整个页面层次；主体图案展示了朝阳映照下的一座现代建筑的局部，传达出企业朝气蓬勃、勇于创新、追求卓越的理念。

（3）网站的布局设计：该网站的主页面采用上中下结构，整体布局类似于"匚"字，上部是企业的 LOGO 和导航，中间是形象展示（采用带有企业经营理念的宣传图片）和网站首页内容（网站内部的链接和具体的内容展示，如公司简介和联系我们等），下部是版权信息和导航，如图 1-12 所示。

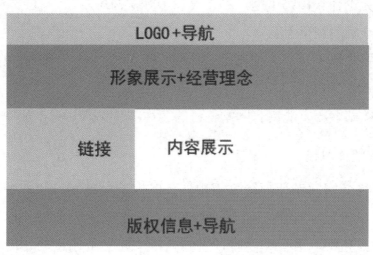

图 1-12　某企业网站主页面的布局结构

（4）网站的功能架构和板块结构：网站的功能架构有导航、形象宣传、网站内部的链接、具体的内容展示和版权信息等。

主页面按照功能划分为如下 3 个板块。

（1）导航区——LOGO 和导航。

（2）展示区——企业宣传图片、网站内部的链接和具体的内容展示。

（3）版权区——版权信息和导航。

知识链接

1．确定网站的定位

当制作一个网站时，应该先考虑如何规划网站，给网站一个准确的定位。无论是企业网站，还是个人网站，只有在找准定位后，才可能正确地进行后期的制作和维护。

在确定网站的定位时需要注意很多方面，但是比较重要的是以下两点。

（1）定位是否有相应的浏览者。网站的定位需要有合适的浏览者，如果没有合适的用户群，则网站的点击率就不会很高，也就无法达到创建网站的目的。

（2）要有符合定位的内容。网站的本质是内容。制作网站应该以内容为本。在确定网站的定位时需要关注是否有丰富的、吸引浏览者且文明健康的内容。

2．确定网站的主题和名称

网站的主题就是网站所要表达的主要内容，要求包含网站的商业或个人目的。例如，网站提供搜索引擎优化服务，那么网站的主题应包含搜索引擎优化这项内容。

网站的主题具有多样性。只要是人们感兴趣的合法合规的内容，都可以作为网站的主题，但是主题要鲜明。无论什么样的主题，只要设计巧妙，构思新颖，就一定能够制作出非常好的网站，从而吸引众多的浏览者。

主题的选择主要从以下 4 个方面考虑：鲜明；小而精；要符合创建网站的目的；自己要感兴趣。

最后，需要为网站取一个能突出网站特色的名称，名称要易记，如网易和百度等。

3．构思网站的整体风格

网站的整体风格是网站设计师最希望掌握，但也是最难学习和把握的，这是因为没有一个固定的模式可以参照和模仿。对于同一个主题，不同的人会设计出风格完全不同的网站。当说某个网站很独特、很有个性时，它的独特个性就是通过网站的创意和风格体现出来的。

风格是指网站的整体形象给浏览者的综合感受。这个整体形象包括站点的 CI（标志、色彩、字体和标语）、版面布局、浏览方式、交互性、文字、语气和内容价值等因素。

在确定了网站的整体风格后，需要努力建立和强化这种风格，风格的形成不是一蹴而就的，需要在网站的创建中不断调整和修饰。

4．确定网站的整体配色

在网站设计中，色彩是网页风格的灵魂，而网页的色彩是树立网站形象的重要因素之一，是网站设计风格的主要组成部分。一个网站设计得成功与否，在很大程度上取决于网页色彩的运用和搭配，如果网页色彩处理得好，则可以达到事半功倍的效果。不同的色彩搭配可以产生不同的视觉效果，例如，红色的色感温暖，容易引起人的注意，也容易使人兴奋和激动。因此，在设计网页时，必须高度重视网页色彩的搭配。

在进行网页配色时，需要经过反复思考和策划，多听取相关人员的建议。

在配色时需要注意，尽量使用网页安全色，以避免浏览器在显示非网页安全色时，影响原来的页面色彩效果。常用的 216 网页安全色如图 1-13、图 1-14 和图 1-15 所示。

FFFFFF	FFFFCC	FFFF99	FFFF66	FFFF33	FFFF00
FFCCFF	FFCCCC	FFCC99	FFCC66	FFCC33	FFCC00
FF99FF	FF99CC	FF9999	FF9966	FF9933	FF9900
FF66FF	FF66CC	FF6699	FF6666	FF6633	FF6600
FF33FF	FF33CC	FF3399	FF3366	FF3333	FF3300
FF00FF	FF00CC	FF0099	FF0066	FF0033	FF0000
CCFFFF	CCFFCC	CCFF99	CCFF66	CCFF33	CCFF00
CCCCFF	CCCCCC	CCCC99	CCCC66	CCCC33	CCCC00
CC99FF	CC99CC	CC9999	CC9966	CC9933	CC9900
CC66FF	CC66CC	CC6699	CC6666	CC6633	CC6600
CC33FF	CC33CC	CC3399	CC3366	CC3333	CC3300
CC00FF	CC00CC	CC0099	CC0066	CC0033	CC0000

图 1-13 常用的 216 网页安全色 1

99FFFF	99FFCC	99FF99	99FF66	99FF33	99FF00
99CCFF	99CCCC	99CC99	99CC66	99CC33	99CC00
9999FF	9999CC	999999	999966	999933	999900
9966FF	9966CC	996699	996666	996633	996600
9933FF	9933CC	993399	993366	993333	993300
9900FF	9900CC	990099	990066	990033	990000
66FFFF	66FFCC	66FF99	66FF66	66FF33	66FF00
66CCFF	66CCCC	66CC99	66CC66	66CC33	66CC00
6699FF	6699CC	669999	669966	669933	669900
6666FF	6666CC	666699	666666	666633	666600
6633FF	6633CC	663399	663366	663333	663300
6600FF	6600CC	660099	660066	660033	660000

图 1-14 常用的 216 网页安全色 2

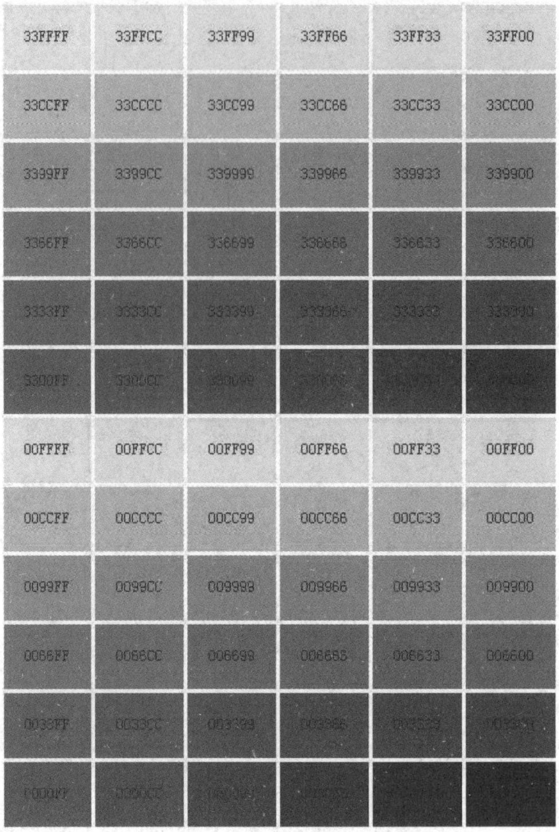

图 1-15　常用的 216 网页安全色 3

注意

216 网页安全色是指在不同硬件环境、不同操作系统和不同浏览器中都能够正常显示的颜色集合（调色板），也就是说，这些颜色在任何终端用户显示设备上的显示效果都是相同的。所以，使用 216 网页安全色进行网页配色可以避免出现原有的颜色失真问题。

5. 规划和设计网页布局

网页布局是为了将文字和图像等内容完美地展现在浏览者面前。合理的、有创意的布局，可以达到吸引浏览者注意力的效果。

网页布局的原则：主次分明，突出主题；图文并茂，相互衬托；简洁匀称。

常见的网页布局如下所述。

1）"同"字形布局

"同"字形布局就是指页面的整体布局类似于一个"同"字，页面顶部为主导航栏，下方左右两侧为二级导航栏，中间显示主体内容，如图 1-16 所示。

图 1-16　"同"字形布局

2）"国"字形布局

"国"字形布局是在"同"字形布局的基础上变化而来的，它在"同"字形布局的下方增加了一些网站的基本信息，如图 1-17 所示。

图 1-17　"国"字形布局

3）"匡"字形布局

"匡"字形布局的特点是去掉了"国"字形布局右侧的边框部分，给主内容区释放了更多空间，其内容虽然看上去比较多，但是页面布局整齐而又不过于拥挤，采用这种布局的网站色彩较协调，如图 1-18 所示。

图 1-18 "匡"字形布局

4）"厂"字形布局

"厂"字形布局的页面顶部为横条网站标志和广告条，顶部下方左侧为导航栏目，右侧为正文信息，如同"匡"字形布局去掉了下面的一横，如图 1-19 所示。

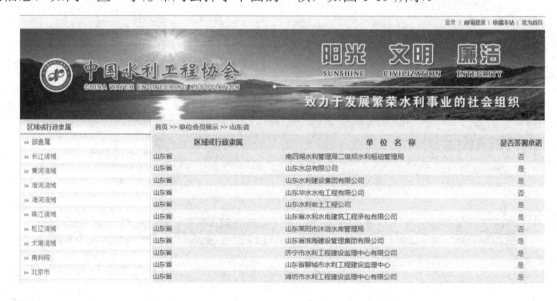

图 1-19 "厂"字形布局

5）"封面"型布局

"封面"型布局主要是一些网站的主页使用，由一些美观的平面设计加几个简单的超级链接组成，如图 1-20 所示。

图 1-20　"封面"型布局

布局方法：纸上布局和软件布局。

（1）纸上布局：在纸上画出布局的草图，这种布局方法便于修改。

（2）软件布局：利用平面设计软件 Photoshop 或 Fireworks 等来帮助用户完成布局工作。这种布局方法可以方便地使用颜色和图形，更能体现布局的效果。

6．规划网站的功能架构和板块结构

在确定网站的主题和整体风格以后，需要根据主题来规划网站的功能架构和板块结构，这样可以使网站的结构和层次清晰，使浏览者看得清楚、明白，也便于网站的维护和更新。

网站的功能架构的主要作用是能引导浏览者寻找网站中最主要和最有用的（或浏览者需要的）内容。

在规划网站的功能架构时，需要仔细考虑内容之间的关系，合理安排，突出重点，方便用户。

网站的功能架构和板块结构设计密切相关，规划网站的功能架构需要根据网站的主题和内容来进行分类规划，不同的板块对应不同的目录，这样便于组织网站的内容。例如，企业站点可以按照公司简介、产品介绍、价格、在线订单和反馈联系等建立对应的目录。在建立目录时，一般不使用中文设置文件夹和文件的名称。

试一试

找一个感兴趣的主题，然后进行网站的前期规划与设计。

任务3 了解网站项目的开发流程

任务目标

通过上海企业网网站的开发过程，来说明网站项目开发的一般流程：需求分析、网站设计、具体开发、网站整合、网站测试、网站部署和发布。

任务描述

某网站制作公司按照客户的需求制作上海企业网网站[①]，在与客户沟通的基础上，制定具体的方案并实施，最后交付给客户。

任务分析

上海企业网网站的制作是一个完整的案例，通过了解这个网站项目的开发过程，我们可以学习实际网站项目开发的一般流程。

操作步骤

步骤1：需求分析。

公司接到客户的业务咨询，想要建设上海企业网网站。双方经过不断的接洽和了解，在通过基本的可行性讨论后，初步达成和签订了协议，进行了项目立项，并制作了一份完整的客户需求说明书。

步骤2：网站设计。

（1）网站建设的目的和定位：上海企业网网站主要用于展示公司亲切、开放和严谨的企业文化；宣传公司，以便更好地开展互联网应用技术及其服务的业务；吸引更多的客户，方便企业与客户的沟通和交流。

（2）网站的整体风格和配色：网站色彩以蓝色为主色调，整体色彩稳重，设计大方、美观，结构简洁、清晰，使用方便、快捷。

（3）网站的布局设计：网站的主页面采用上中下结构，整体布局类似于"匚"字，页面顶部是企业的徽标和导航，中间是形象展示（采用 Flash 动画效果）和内容（新闻公告、经

---

① 本书中的上海企业网网站为编者创建的虚拟网站，并不是真实网站，仅用于本书中的案例讲解。

典案例、专题栏目、服务项目、用户登录和友情链接等），底部是版权信息，如图 1-21 所示。

图 1-21　上海企业网网站的主页面

（4）网站的栏目板块规划：导航、动画展示、公司新闻、建站专题、经典案例、用户登录和服务流程等。

步骤 3：具体开发。

首先，按照网站的总体设计，收集并整理各种文字、图像和音频等素材。然后，网页设计师开始设计网站的整体形象和主页。整体形象设计包括标准字、LOGO、标准色彩和广告语等。主页设计包括版面、色彩、图像、动态效果和图标等风格设计，以及 Banner、菜单、标题和版权等模块设计。最后，程序设计人员设计出程序的详细规格说明，包含必要的细节，如程序界面、表单和需要的数据等。

步骤4：网站整合。

网页设计师将 HTML 文档传给程序员，添加实际的程序代码形成最终页面，最后由程序员进行总体网站整合，保障网站正常运行。

步骤5：网站测试。

网页设计师联合网站编辑进行最终页面的测试，包括死链、坏链、内容图片错误、错位和兼容性等。参与网站项目的全体人员对网站进行功能测试，以查找网站中的错误和漏洞，从而改善细节，提升用户体验。

步骤6：网站部署和发布。

先申请域名并租用服务器，再将基本制作完成的上海企业网网站上传到服务器中，并对网站进行全范围的测试，包括速度、兼容性、交互性、链接正确性、程序健壮性和超流量测试等，发现问题及时解决并记录。至此，网站项目建设完毕，将有关网址和使用操作说明文档等提交给客户验收。如果客户提出网站维护的需求，则另行签订网站维护项目协议。在发布网站之前，需要确保网站中的内容合法且没有侵犯知识产权的情况。

知识链接

1．域名

域名是由一串用点隔开的名字组成的 Internet 上某一台计算机或计算机组的名称，用于在数据传输时对计算机的定位标识。因为 IP 地址能够唯一地标记网络上的计算机或计算机组，但 IP 地址是一长串数字，用户记忆十分不方便，于是人们发明了另一套字符型的地址方案，也就是域名。

2．LOGO

LOGO 指徽标或商标，网络中的徽标主要是各个网站用于与其他网站链接的图形标志，代表一个网站或网站的一个板块。

3．Banner

Banner 的本意是横幅或标语，在网站制作中指网站页面的横幅广告。

4．Bug

Bug 的本意是缺陷、损坏、窃听器、小虫等。人们将在计算机系统或程序中隐藏着的、未被发现的缺陷或问题统称为 Bug。

试一试

结合网站项目开发流程的学习对本书的结构进行了解，并查找一些网站项目的实例，以进一步熟悉网站项目的开发流程。

总结与回顾

本项目介绍了在制作网页时必须掌握的基础知识，使读者认识到网页的本质是一个脚本文件，并且可以借助 Dreamweaver 等网页开发平台来制作网页，从而对网站的规划与设计有一个大致的了解。本项目还通过实例介绍了网站项目的开发流程，为读者进行网页设计与制作打下基础。

实训　分析酷我音乐网

任务描述

浏览酷我音乐网，指出网站的主题，并分析网站的整体风格和配色、网站主页面的布局结构，以及网站的功能架构和板块结构等。

习题 1

1. 选择题

（1）以下选项中不属于网页基本元素的是（　　　）。

    A. 图像　　　　　　　　　　B. 声音

    C. 文本　　　　　　　　　　D. 文件夹

（2）以下选项中属于网页制作工具的是（　　　）。

    A. Windows　　　　　　　　B. Dreamweaver

    C. FTP　　　　　　　　　　D. QQ

（3）网页安全色能够显示的颜色种类数为（　　　）。

    A. 4　　　　　　　　　　　B. 16

    C. 216　　　　　　　　　　D. 256

（4）为了标识一个 HTML 文档，应该使用的标签是（　　）。

  A．\<p> \</p>   B．\<body> \</body>

  C．\<html> \</html>   D．\<table> \</table>

（5）网页文件的扩展名通常为（　　）。

  A．.jpg   B．.doc

  C．.htm 或.html   D．.txt

2．填空题

（1）HTML 是 Hyper Text Markup Language 的缩写，其中文含义为＿＿＿＿＿。

（2）HTML 中的标签通常分为＿＿＿＿＿和＿＿＿＿＿。

（3）网站主页的文件名通常为＿＿＿＿＿或＿＿＿＿＿。

（4）对一般 HTML 文档而言，HTML 文档结构通常分为＿＿＿＿＿和＿＿＿＿＿两部分。

（5）域名是由一串用点隔开的名字组成的 Internet 上某一台计算机或计算机组的名称，用于在数据传输时对计算机的＿＿＿＿＿。

3．简答题

（1）网页中的常见元素有哪些？

（2）列举常见的 HTML 标签，并简述其功能。

（3）简述网站项目开发的一般流程。

创建和管理站点

网页是网站最基本的组成部分，网页之间并不是杂乱无章的，它们通过各种超级链接相互关联，从而描述相关的主题或实现相同的目的。在当今信息时代，互联网发展迅速，网站的建设和管理对人们的生活和我国的建设都起到了重要作用，因此，学好网站创建和管理的知识非常有必要。

本项目主要介绍 Dreamweaver CS6 的工作界面及其基本功能、创建站点、管理站点，以及如何使其他人通过网络访问自己的网页。

📋 项目目标

（1）了解 Dreamweaver CS6 的工作界面。

（2）了解 Dreamweaver CS6 的基本功能。

（3）掌握如何创建和设置 Dreamweaver 的本地站点。

（4）在本机访问自己的网页。

📓 项目描述

本项目将通过 3 个任务来说明如何利用 Dreamweaver CS6 创建本地站点，并对本地站点进行发布，使自己的站点允许其他人访问。

任务 1　认识 Dreamweaver CS6

🌐 任务目标

（1）启动 Dreamweaver CS6。

（2）认识 Dreamweaver CS6 的工作界面。

任务描述

熟悉 Dreamweaver CS6 的工作界面及常用部分的功能。

任务分析

浏览 Dreamweaver CS6 的工作界面，熟悉各部分的名称及功能。

操作步骤

步骤 1：启动 Dreamweaver CS6。

方法一： 选择"开始"→"所有程序"→"Adobe Dreamweaver CS6"命令。

方法二： 双击桌面上的 Dreamweaver CS6 图标。

这两种方法均可启动 Dreamweaver CS6，其主界面如图 2-1 所示。

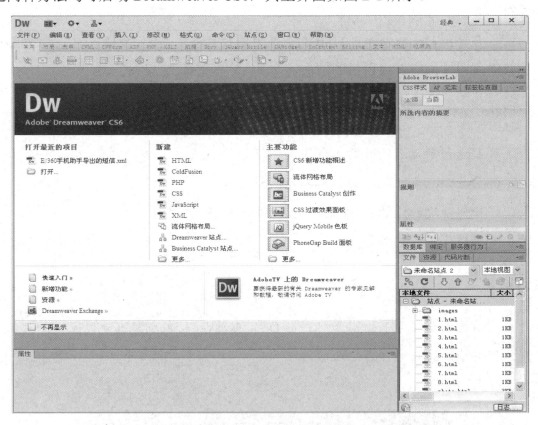

图 2-1　Dreamweaver CS6 的主界面

步骤 2：新建网页。

方法一： 使用菜单命令新建网页。

（1）选择"文件"→"新建"命令，或者按下 Ctrl+N 组合键，会弹出"新建文档"对话框，如图 2-2 所示。

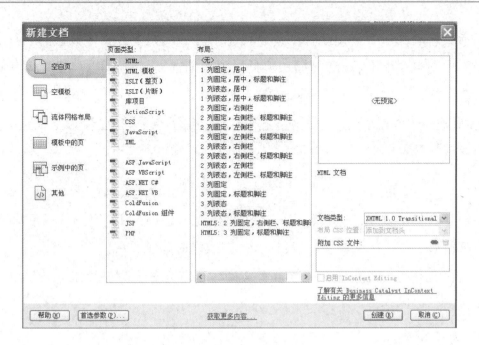

图 2-2　"新建文档"对话框

（2）在"新建文档"对话框的左侧栏中选择"空白页"标签，在"页面类型"列表框中选择"HTML"选项，在"布局"列表框中选择"<无>"选项，然后单击"创建"按钮。系统自动创建了一个空白网页，临时文件名为 Untitled-1，如图 2-3 所示。

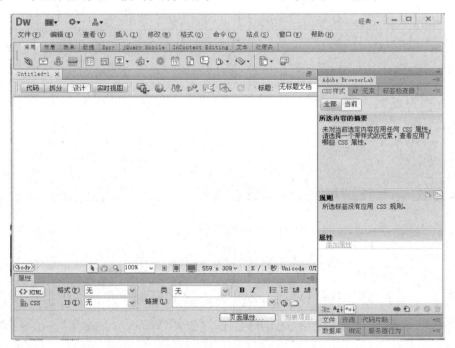

图 2-3　新建的空白网页

方法二：在主界面的"新建"栏中直接选择"HTML"选项，也可以创建一个空白网页。

步骤 3：认识 Dreamweaver CS6 工作界面的各部分。

（1）插入工具栏：插入工具栏包含用于创建和插入对象（如表格、AP 元素和图像）的按钮。当鼠标指针移动到一个按钮上时，会出现一个提示，其中含有该按钮的名称。这些按钮被组织到若干类别中，用户可以选择插入工具栏顶部的选项卡进行切换。当启动 Dreamweaver CS6 时，系统会打开上次使用的类别，如图 2-4 所示。

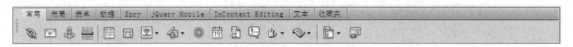

图 2-4　插入工具栏

（2）文档工具栏：文档工具栏包含一些按钮，使用这些按钮可以在文档的不同视图之间快速切换。可以显示"代码"视图、"设计"视图或同时显示"代码"与"设计"视图的"拆分"视图。文档工具栏中还包含一些与查看文档、在本地和远程站点之间传输文档等有关的常用命令和按钮，如图 2-5 所示。

图 2-5　文档工具栏

（3）"属性"面板："属性"面板使用户可以检查和编辑当前选中页面元素（如文本和插入的对象）的常用属性。"属性"面板中的内容会根据选中的页面元素的不同而有所不同。例如，如果选中页面中的一幅图像，则"属性"面板将改为显示该图像的属性（如图像的文件路径、图像的宽度和高度、图像周围的边框等）。在默认情况下，"属性"面板位于工作区的底部边缘，但是也可以将它停靠在工作区的顶部边缘，或者使其成为工作区中的浮动面板，如图 2-6 所示。可以通过"属性"面板右上角的 ▽ 或 △ 按钮对"属性"面板进行展开或折叠。

图 2-6　"属性"面板

（4）面板组：Dreamweaver CS6 中的面板被组织到了面板组中。面板组中选中的面板显示为一个选项卡。每个面板组都可以展开或折叠，并且可以和其他面板组停靠在一起或取消停靠。面板组还可以停靠到集成的应用程序窗口（仅限 Windows 系统）中。这使得用户能够很容易地访问所需的面板，而不会使工作区变得混乱。当一个面板组处于浮动（取消停靠）状态时，面板组的顶部会显示一个窄的空白条。对于未显示的面板，可以通过窗口菜单进行设置。

（5）文档状态栏："文档"窗口底部的状态栏提供了与用户当前创建的文档有关的其他信息，如图 2-7 所示。

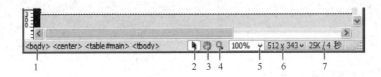

1—标签选择器；2—选择工具；3—手形工具；4—缩放工具；5—缩放比例；
6—窗口大小弹出菜单；7—文档大小和估计的下载时间

图 2-7　文档状态栏

 试一试

启动 Dreamweaver CS6，试着新建一个网页，并重新设置面板组中的各种面板。

操作提示

使用窗口中的菜单命令对面板组进行设置。

任务 2　创建本地站点

任务目标

在 Dreamweaver CS6 中创建本地站点、管理本地站点。

任务描述

在 Dreamweaver CS6 中，"站点"是指某个 Web 站点文档的本地或远程存储的位置。Dreamweaver 站点提供了一种方法，使用户可以组织和管理所有 Web 文档，将其站点上传到 Web 服务器中，跟踪和维护用户的超级链接，以及管理和共享文件。在制作网页之前，通常应定义一个站点以充分利用 Dreamweaver CS6 的功能。本任务将"素材\项目 2\示例\qyw"文件夹设置为 Dreamweaver 站点。

任务分析

在 Dreamweaver CS6 中，站点分为本地站点和远程站点，由于本书中的网页均在本地测试，因此仅设置本地站点。

操作步骤

步骤1：启动 Dreamweaver CS6。

步骤2：新建站点。

（1）选择"窗口"→"文件"命令或按下 F8 键，打开"文件"面板。

（2）在"文件"面板左侧的下拉列表中选择"管理站点"选项，如图2-8所示。

（3）在弹出的"管理站点"对话框中，单击"新建站点"按钮，如图2-9所示。

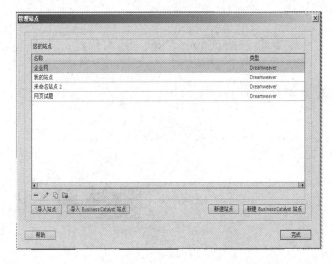

图2-8　选择"管理站点"选项　　　　　图2-9　"管理站点"对话框

另外，也可以直接选择"站点"→"新建站点"命令。

步骤3：命名站点。

在弹出的"站点设置对象 未命名站点"对话框中，选择"站点"选项卡，将站点名称设置为"企业网"（此时，对话框的名称变为"站点设置对象 企业网"），并设置本地站点文件夹，然后单击"保存"按钮，如图2-10所示。

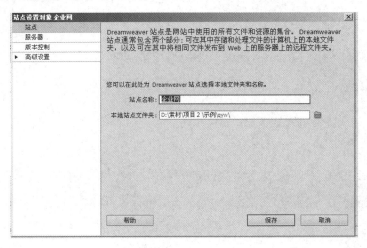

图2-10　命名站点

步骤 4：确定是否使用服务器。

在"站点设置对象 企业网"对话框中，选择"服务器"选项卡，设置服务器。本任务不使用服务器，如图 2-11 所示。

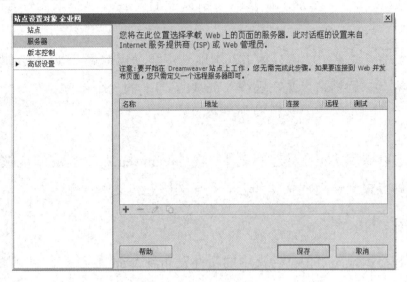

图 2-11 不使用服务器

步骤 5：指定站点所在文件夹。

在"站点设置对象 企业网"对话框中，指定站点文件的存储位置为"D:\素材\项目 2\示例\qyw"文件夹。如果该文件夹还未建立，则可以直接输入路径（系统将会自动建立该文件夹），然后单击"保存"按钮，如图 2-12 所示。

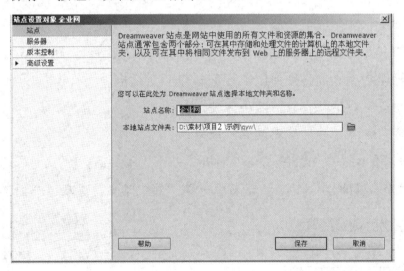

图 2-12 指定站点文件的存储位置

步骤 6：设置远程服务器。

由于本任务是在本地开发的，因此无须设置远程服务器，单击"保存"按钮即可完成站点的设置。

知识链接

所谓站点，可以被看作一系列文档的组合。这些文档通过各种超级链接建立逻辑关联。用户在建立网站前必须建立站点，在修改某网页中的内容时也必须先打开站点，再修改站点内的网页。

Dreamweaver 站点通常由两部分组成：本地站点和远程站点。本地站点即本地根文件夹，存储在本地计算机上；远程站点是在远程 Web 服务器上的一个位置。

1．本地站点

本地站点用于存储用户正在处理的文件，在 Dreamweaver 中是在本地磁盘上创建的一个根文件夹。本地站点根文件夹下可以有若干个子文件夹和文件。

2．远程站点

远程站点用于将本地站点根文件夹中的文件发布到 Web 服务器上。远程站点是位于运行 Web 服务器的计算机上的一个远程文件夹，是在发布网站时使用的。

当首次建立远程站点连接时，Web 服务器上的远程文件夹通常是空的。当使用 Dreamweaver 上传本地站点根文件夹中的所有文件时，将使用本地站点根文件下所有 Web 文件填充远程文件夹，所以远程文件夹应始终与本地站点根文件夹具有相同的目录结构。

3．网站框架

1）站点管理器

站点管理器的主要功能包括新建站点、编辑站点、复制站点、删除站点，以及导入或导出站点。若想要管理站点，则必须弹出"管理站点"对话框。

弹出"管理站点"对话框有以下两种方法。

方法一：选择"站点"→"管理站点"命令。

方法二：选择"窗口"→"文件"命令，打开"文件"面板，选择"文件"选项卡，如图 2-13 所示，然后在"文件"面板左侧的下拉列表中选择"管理站点"选项，如图 2-14 所示。

图 2-13　"文件"面板

图 2-14　选择"管理站点"选项

在弹出的"管理站点"对话框中，通过单击"新建站点"、"编辑"、"复制"和"删除"按钮，用户可以新建一个站点、修改选择的站点、复制选择的站点、删除选择的站点。通过单击该对话框中的"导出"和"导入站点"按钮，用户可以先将站点导出为 XML 文件，再将其导入 Dreamweaver CS6 中。这样用户可以在不同的计算机和产品版本之间移动站点，或者与其他用户共享。

在"管理站点"对话框中，选择一个具体的站点，然后单击"完成"按钮，如图 2-15 所示，这样就可以在"文件"面板的"文件"选项卡中出现站点管理器的缩略图了。

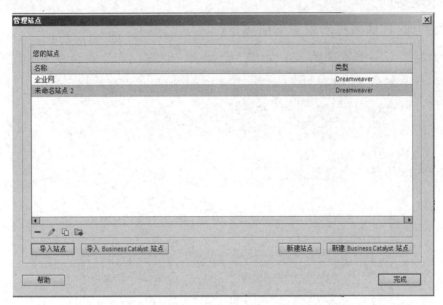

图 2-15　"管理站点"对话框 1

2）创建文件夹

在建立站点前，需要先在站点管理器中规划站点文件夹。

创建文件夹的具体操作步骤如下所述。

（1）在站点管理器的右侧窗格中选择站点。

（2）通过以下方法新建文件夹。

① 选择"文件"→"新建文件夹"命令。

② 右击站点，在弹出的快捷菜单中选择"新建文件夹"命令。

（3）输入新文件夹的名称。

在一般情况下，若站点不复杂，则可以直接将网页存放在站点根目录下，并在站点根目录中按照资源的种类建立不同的文件夹以存放不同的资源。例如，images 文件夹存放站点中的图像文件，media 文件夹存放站点中的多媒体文件等。若站点复杂，则需要根据实现不同功能的板块，在站点根目录中按照板块创建子文件夹以存放不同的网页，这样可以方便网站设计师对网站进行修改。

3）定义新站点

在创建好站点文件夹后，用户即可定义新站点。在 Dreamweaver CS6 中，站点通常包含两部分，即本地站点和远程站点。本地站点是本地计算机中的一组文件，远程站点是远程 Web 服务器中的一组文件。用户将本地站点中的文件发布到网络上的远程站点中，使公众可以访问它们。在 Dreamweaver CS6 中创建 Web 站点，通常先在本地磁盘上创建本地站点，再创建远程站点，并将这些网页的副本上传到远程 Web 服务器中，使用户可以访问它们。本任务只介绍如何创建本地站点。

创建本地站点的具体操作步骤如下所述。

（1）选择"站点"→"管理站点"命令，会弹出"管理站点"对话框，如图 2-16 所示。

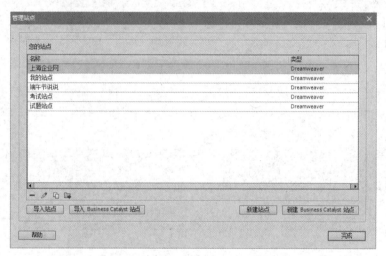

图 2-16　"管理站点"对话框 2

（2）单击"新建站点"按钮，弹出"站点设置对象 未命名站点 3"对话框。在该对话框中，网站设计师可以通过"站点"选项卡来设置站点名称，如图 2-17 所示。

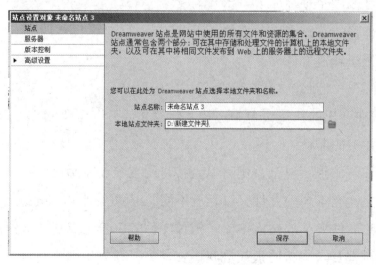

图 2-17　"站点"选项卡

选择"高级设置"选项卡，根据需要设置站点，如图 2-18 所示。

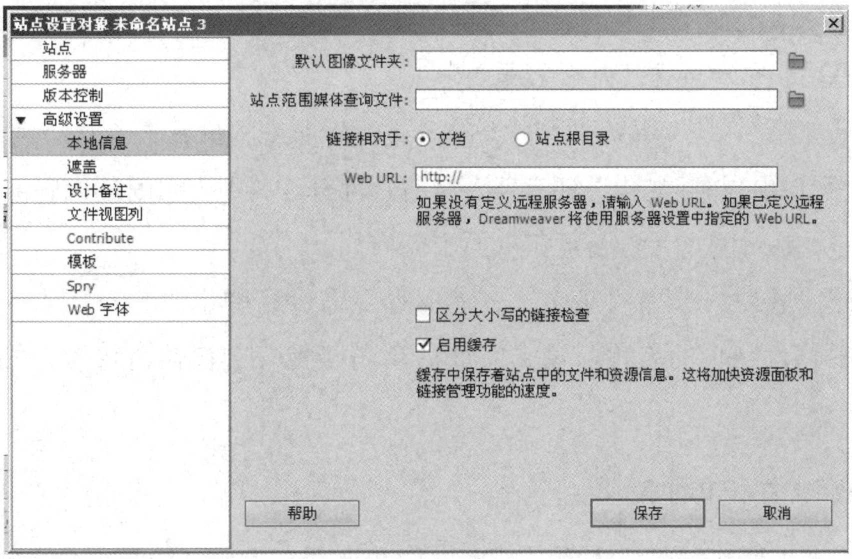

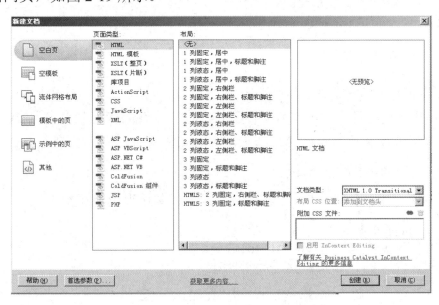

图 2-18　"高级设置"选项卡

4）创建和保存网页

在 Dreamweaver CS6 中，创建和保存网页的具体操作步骤如下所述。

选择"文件"→"新建"命令，弹出"新建文档"对话框，在左侧栏中选择"空白页"标签，在"页面类型"列表框中选择"HTML"选项，在"布局"列表框中选择"<无>"选项，创建空白网页，如图 2-19 所示。

图 2-19　"新建文档"对话框

设置完成后，单击"创建"按钮，打开新创建的文档。根据需要，可以在"文档"窗口中选择不同的视图模式设计网页。

"文档"窗口有如下3种视图模式。

（1）"代码"视图：对有编程经验的网页设计师而言，可以在"代码"视图中查看、修改和编写网页代码，以实现特殊的网页效果。

（2）"设计"视图：以"所见即所得"的方式显示所有网页元素。

（3）"拆分"视图：将"文档"窗口分为左右两部分。其中，左侧是代码部分，显示代码；右侧是设计部分，显示网页元素及其在页面中的布局。

在网页设计完成后，选择"文件"→"保存"命令，弹出"另存为"对话框，在"文件名"文本框中输入网页的名称，设置完成后单击"保存"按钮，将该文档保存在站点文件夹中。

4．管理站点文件和文件夹

当站点结构发生变化时，还需要对站点文件和文件夹进行移动和重命名等操作。在"文件"面板的站点文件夹列表中以站点文件和文件夹进行管理。

1）重命名文件和文件夹

重命名文件和文件夹的具体操作步骤如下所述。

选择"窗口"→"文件"命令，打开"文件"面板，在其中选择要重命名的文件或文件夹。

可以通过以下几种方法来激活文件或文件夹的名称：单击文件名，稍停片刻，再次单击文件名；或者在要重命名的文件或文件夹上右击，然后在弹出的快捷菜单中选择"编辑"→"重命名"命令，输入新名称后按Enter键。

2）移动文件和文件夹

移动文件和文件夹的具体操作步骤如下所述。

选择"窗口"→"文件"命令，打开"文件"面板，在其中选择要移动的文件或文件夹。

可以通过以下方法来移动文件或文件夹：复制该文件或文件夹，将其粘贴在新位置；或者将该文件或文件夹直接拖曳到新位置。

"文件"面板会自动刷新，这样可以看到该文件或文件夹出现在新位置上。

3）删除文件和文件夹

删除文件和文件夹的具体操作步骤如下所述。

选择"窗口"→"文件"命令，打开"文件"面板，在其中选择要删除的文件或文件夹。可以通过以下方法来删除文件或文件夹：在要删除的文件或文件夹上右击，然后在弹出的快捷菜单中选择"编辑"→"删除"命令；或者直接按下Delete键，所选择的文件或文件夹将被删除。

5．管理站点

1）打开站点

当想要修改某个网站的内容时，要先打开站点（在各站点之间进行切换）。打开站点的具体操作步骤如下所述。

① 启动 Dreamweaver CS6。

② 选择"窗口"→"文件"命令，打开"文件"面板，在其中选择要打开的站点名，即可打开站点。

2）编辑站点

有时用户需要修改站点的一些设置，此时需要编辑站点。例如，修改站点的默认图像文件夹的路径，其具体操作步骤如下所述。

① 选择"站点"→"管理站点"命令，弹出"管理站点"对话框。

② 在该对话框中，选择要编辑的站点名，然后单击"编辑"按钮，在弹出的"站点定义"对话框中，选择"高级"选项卡，此时可以根据需要进行修改。修改完成后，单击"确定"按钮即可完成设置，回到"管理站点"对话框。

③ 如果不需要修改其他站点，则可以单击"完成"按钮，关闭"管理站点"对话框。

3）复制站点

复制站点可以省去重复建立多个结构相同的站点的操作步骤，可以提高用户的工作效率。在"管理站点"对话框中可以复制站点，其具体操作步骤如下所述。

① 在"管理站点"对话框左侧的站点列表中选择要复制的站点，单击"复制"按钮即可进行复制。

② 双击新复制的站点，在弹出的"站点定义为"对话框中，更改新站点的名称即可。

4）删除站点

删除站点只是删除 Dreamweaver CS6 与本地站点之间的关系，而本地站点包含的文件和文件夹仍然保存在磁盘原来的位置上。也就是说，在删除站点后，虽然站点文件夹保存在计算机中，但是在 Dreamweaver CS6 中已经不存在此站点了。例如，在按照下列步骤删除站点后，在"管理站点"对话框中将不存在该站点的名称。

在"管理站点"对话框中删除站点的具体操作步骤如下所述。

① 在"管理站点"对话框左侧的站点列表中选择要删除的站点。

② 单击"删除"按钮即可删除选中的站点。

5）导入和导出站点

如果想要在计算机之间移动站点，或者与其他用户共同设计站点，则可以通过 Dreamweaver CS6 的导入和导出站点功能来实现。导出站点功能是将站点导出为 STE 格式的文件，并在其他计算机中将其导入 Dreamweaver CS6 中。

（1）导出站点的具体操作步骤如下所述。

① 选择"站点"→"管理站点"命令，弹出"管理站点"对话框，选择要导出的站点，然后单击"导出"按钮 ，弹出"导出站点"对话框，在该对话框中浏览并选择保存站点的路径，然后单击"保存"按钮，将其保存为.ste 文件，如图 2-20 所示。

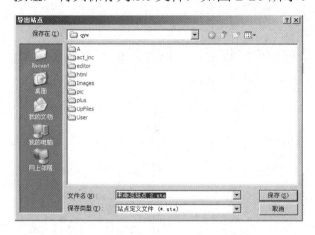

图 2-20　"导出站点"对话框

② 单击"完成"按钮，关闭"管理站点"对话框，完成导出站点的设置。

（2）导入站点的具体操作步骤如下所述。

① 选择"站点"→"管理站点"命令，弹出"管理站点"对话框，单击"导入站点"按钮，在弹出的"导入站点"对话框中浏览并选择要导入的站点，如图 2-21 所示，单击"打开"按钮，即可导入站点。

图 2-21　"导入站点"对话框

② 单击"完成"按钮，关闭"管理站点"对话框，完成导入站点的设置。

试一试

　　尝试将本书素材中的"素材\项目 2\示例\qyw"文件夹复制到 D 盘，并建立 Dreamweaver 站点"企业网"。

任务 3　在本机访问网页

任务目标

（1）安装 IIS。

（2）在 IIS 中配置站点。

（3）在 Dreamweaver CS6 中浏览网页。

任务描述

　　大家会经常访问一些网站，而这些网站都位于远程服务器上，同时，大家一定希望自己的站点也能被其他人访问。现在将"素材\qyw"文件夹配置为一个 Web 站点，并在 Dreamweaver CS6 中设置 Web 站点，浏览网页。

任务分析

　　IIS（Internet Information Services，互联网信息服务）是 Microsoft 公司开发的一个提供 Web 服务的组件，一个站点若想要允许远程用户通过 IE 浏览器来访问，就需要 IIS 的支持。目前很多网站服务器安装的依然是 Windows 服务器系统，如常见的 Windows Server 2003 系统中核心的功能就是 IIS。Windows XP/Server 2003 系统自带的是 IIS6，Windows 7/Windows 8/Windows 10 系统自带的是 IIS7/8，版本越高，安全性通常越好。在 IIS 中将本机上的文件夹设置为一个站点，即可允许其他计算机通过网络来访问。下面只介绍在 Windows 10 系统中安装和配置 IIS 的方法，并在 Dreamweaver CS6 中设置 Web 站点、浏览网页。

操作步骤

　　步骤 1：在 Windows 10 系统中安装 IIS。

　　（1）按下 Windows 键，选择"开始"→"所有应用"→"Windows 系统"→"控制面板"命令，打开"控制面板"窗口，然后选择"程序"选项，如图 2-22 所示。

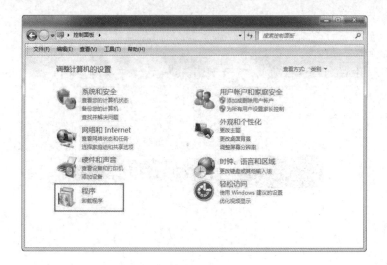

图 2-22　"控制面板"窗口

（2）打开"程序"窗口，单击"启用或关闭 Windows 功能"超级链接，如图 2-23 所示。

图 2-23　选择功能

（3）在弹出的"Windows 功能"窗口中，勾选"Internet Information Services"复选框，并在其展开的列表中根据需要选择功能即可，如"FTP 服务器"、"Web 管理工具"和"万维网服务"等功能，然后单击"确定"按钮，如图 2-24 所示。

图 2-24　"Windows 功能"对话框

步骤 2：在 **Windows 10 系统中设置 IIS**。

（1）打开"控制面板"窗口，选择"系统和安全"选项，在打开的"系统和安全"窗口中选择"管理工具"选项。在打开的"管理工具"窗口中双击"Internet Information Services（IIS）管理器"选项，如图 2-25 所示，进行 IIS 的相关设置。

图 2-25　"管理工具"窗口

（2）在打开的"Internet Information Services（IIS）管理器"窗口左侧的"连接"列表框中，选择"DESKTOP- DQEI7U0"选项，在其展开的树状列表中，选择"网站"选项，如图 2-26 所示。

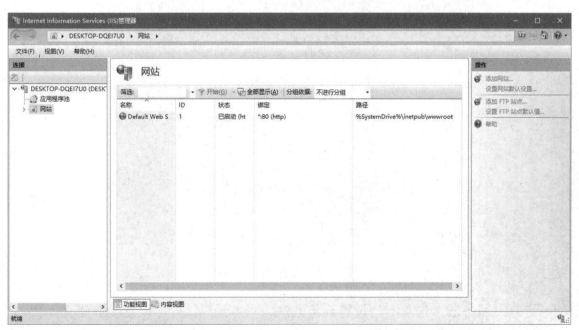

图 2-26　"Internet Information Services（IIS）管理器"窗口

（3）选择"网站"选项并右击，在弹出的快捷菜单中选择"添加网站"命令，在弹出的

"添加网站"对话框中，设置网站名称为"企业网"，设置物理路径为"D:\素材\qyw"，设置端口为81，然后单击"确定"按钮，如图2-27所示。

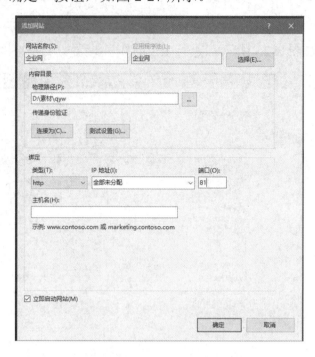

图2-27　"添加网站"对话框

步骤3：在Dreamweaver CS6中设置Web站点。

（1）选择"站点"选项卡，设置本地站点，如图2-28所示。

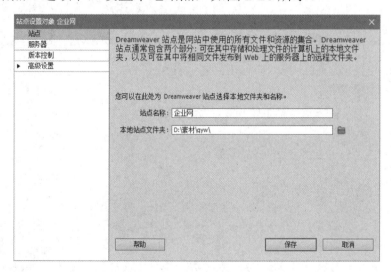

图2-28　设置本地站点

（2）选择"服务器"选项卡，设置连接方法为"本地/网络"，设置服务器文件夹为"D:\素材\qyw"文件夹，设置Web URL为http://localhost:81，如图2-29所示。

（3）选择"高级"选项卡，将服务器模型设置为ASP VBScript，如图2-30所示，然后单击"保存"按钮。

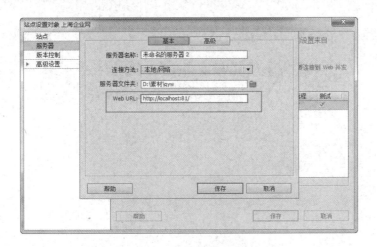

图 2-29　本地站点服务器的设置

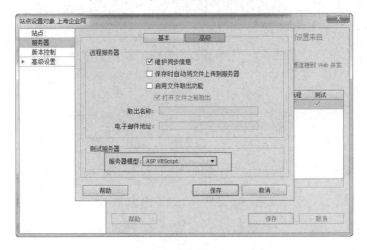

图 2-30　站点的高级设置

步骤 4：在 Dreamweaver CS6 中浏览网页，并测试站点。

（1）在 Dreamweaver CS6 中打开 ceshi.html 网页进行浏览，然后单击 按钮或按下 F12
键，在浏览器中预览网页，如图 2-31 所示。

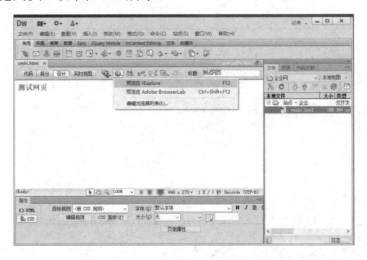

图 2-31　在 Dreamweaver CS6 中浏览网页

（2）IIS 配置成功，能够通过 IE 浏览器预览网页，如图 2-32 所示。

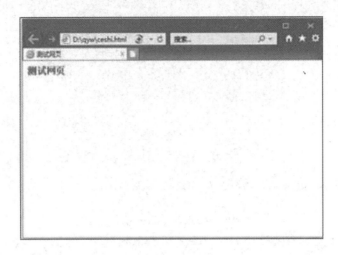

图 2-32　能够通过 IE 浏览器预览网页

 知识链接

1. 网站

网站是许多相关网页有机结合而形成的一个信息服务中心。网站的设计者将要提供的内容和服务制作成许多网页，并经过组织规划，使网页互相链接，然后把相关文件存储在 Web 服务器的一个文件夹中。这样，一个文件夹就是一个网站。

2. 主页

主页是指当用户没有指定网页文件名时，网站默认显示的网页。主页的文件名通常为 index.htm、index.html 或 default.htm。

 拓展与提高

IIS 是一种 Web 服务组件，其中包括 Web 服务器、FTP 服务器、NNTP 服务器和 SMTP 服务器，分别用于网页浏览、文件传输、新闻服务和邮件发送，为在网络（包括 Internet 和局域网）上发布信息提供了极大的便利。IIS 通常运行在 Windows 系统的 Server 版本中，可以支持大量用户的访问。

试一试

尝试将在本项目任务 1 中保存的网页文件设置为一个网站，使其他人能够通过网络来访问此网站。

操作提示

先建立一个文件夹，将保存的网页文件及其附属文件夹复制到该文件夹中，再在 IIS 中将这个文件夹配置为站点。

总结与回顾

本项目介绍了在制作网页时必须掌握的基础知识，包括 Dreamweaver CS6 的工作界面及其基本功能、创建和发布站点、管理站点，以及如何使其他人通过网络来访问自己的网页，使读者对网站的工作原理有了一个大致的了解，为学习网页设计与制作打下基础。

实训　创建一个小型站点

任务描述

无论是一个网页设计与制作的新手，还是一个专业的网页设计师，都需要从构建站点开始，理清网站结构的脉络。在疫情防控期间，各地大力推行"网上办""掌上办"，使"互联网+政务服务"在减少人员集中带来的感染风险方面发挥了重要作用。建设更高质量的"互联网+"非常重要。学习好网站建设知识，会给读者今后的工作打下良好的基础。

本实训要求按照如图 2-33 所示的站点结构创建文件夹，在 Dreamweaver CS6 中将其设置为一个本地站点，同时允许其他人在 IE 浏览器中通过网络进行访问。

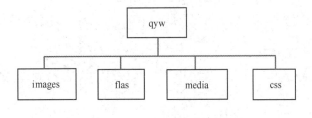

图 2-33　站点结构

任务分析

一个网站通常包括根文件夹、存放各类文件的子文件夹及网页文件。Dreamweaver CS6 为用户提供了方便的站点管理功能。

习题 2

1．选择题

（1）网页是网站中最基本的组成部分，网页之间并不是杂乱无章的，它们通过各种（   ）相互关联，从而描述相关的主题或实现相同的目的。

    A．超级链接　　　B．图像　　　　　C．文本　　　　　D．文件夹

（2）以下选项中不属于 Dreamweaver CS6 "文档"窗口视图模式的是（   ）。

    A．"设计"视图　　　　　　　　B．"拆分"视图

    C．"代码"视图　　　　　　　　D．双重屏幕

（3）以下选项中不属于 Dreamweaver CS6 工作区布局类型的是（   ）。

    A．设计器　　　B．编码器　　　　C．拆分器　　　　D．双重屏幕

（4）新建文档的组合键是（   ）。

    A．Ctrl+O　　　B．Ctrl+N　　　C．Shift+N　　　D．Ctrl+S

（5）在 Dreamweaver CS6 中，按下（   ）键可以在浏览器中预览网页。

    A．F1　　　　　B．F3　　　　　C．Home　　　　D．F12

2．填空题

（1）所谓站点，可以被看作一系列_____的组合。这些文档通过各种链接建立逻辑关联。

（2）网站主页的文件名通常为_____、_____或_____。

（3）IIS 的中文含义是_____。它是一种_____服务组件。

（4）"拆分"视图模式组合了_____与_____的特点。

（5）对 Dreamweaver CS6 而言，"站点"一词可以指 Web 站点文档在本地计算机中存储的位置，即_____。

（6）在建立站点后，可以对站点进行打开、编辑、_____、_____，以及导入或导出等操作。

3．简答题

（1）Dreamweaver CS6 中的站点有几种？分别写出它们的名称及意义。

（2）站点管理器的主要功能是什么？

网 页 布 局

浏览者在 IE 等浏览器中看到的一个完整页面称为网页版面。如果想要使设计与制作的网页能让浏览者觉得结构清晰、赏心悦目，就必须先考虑好如何使用最适合浏览的方式将页面元素安排在网页的不同位置上，这项工作就是网页布局。Dreamweaver CS6 提供了表格、Div+CSS 等网页布局工具，为网页布局提供了极大的便利。本项目将系统地介绍利用各种技术进行网页布局的具体方法。

在国家"十四五"规划纲要中指出，要强化国家战略科技力量，提升企业技术创新能力，激发人才创新活力，完善科技创新体制机制。因此，我们在项目的学习中要培养创新能力，举一反三，提高网页设计与制作水平。

📚 项目目标

（1）了解网页布局设计的主要内容。

（2）掌握使用表格布局方式布局网页的方法。

（3）掌握使用 Div+CSS 布局方式布局网页的方法。

📒 项目描述

本项目将通过 3 个任务来介绍在进行网页布局时需要注意的主要内容，并以具体实例来说明如何利用表格和 Div+CSS 布局方式来布局网页，比较两种布局方式的区别。任务 1 使用表格布局网页，任务 2 使用 Div+CSS 布局网页，任务 3 通过设置 CSS 中的 Margin 和 Float 等属性，来实现页面居中和多列布局。

任务 1　使用表格布局网页

任务目标

（1）掌握表格的创建和使用方法。

（2）认识表格属性、单元格属性的设置及修改方法。

任务描述

通过创建表格来布局网页，并设置表格和单元格的属性，学会添加行与列、拆分与合并单元格的方法，最后向表格中添加文本和图像等对象。

任务分析

在网页布局方面，表格起着举足轻重的作用。通过设置表格和单元格的属性，可以对页面中的元素进行准确定位，这样既能使页面在形式上更加丰富多彩，又能对页面进行更加合理的布局。本任务通过表格来布局网页，通过对本任务内容的学习，读者能够掌握插入表格及设置表格属性、编辑表格与单元格等知识。

操作步骤

步骤 1：启动 Dreamweaver CS6，新建站点，新建 HTML 文档。

（1）双击桌面上的 Dreamweaver CS6 图标，启动 Dreamweaver CS6。

（2）选择"站点"→"新建站点"命令，弹出"站点设置对象 项目 3"对话框，在"站点名称"文本框中输入"项目 3"，在"本地站点文件夹"文本框中选择"E:\素材\项目 3\示例\"，然后单击"保存"按钮，新建站点"项目 3"，如图 3-1 所示。

（3）选择"文件"→"新建"命令，或者按下 Ctrl+N 组合键，弹出"新建文档"对话框。

（4）在"新建文档"对话框的左侧栏中选择"空白页"标签，在"页面类型"列表框中选择"HTML"选项，在"布局"列表框中选择"<无>"选项，然后单击"创建"按钮，如图 3-2 所示。此时，新建了一个默认名称为 Untitled-1 的空白网页。

（5）选择"文件"→"保存"命令，或者按下 Ctrl+S 组合键，在弹出的"另存为"对话框中，将文件名设置为 table.html，如图 3-3 所示。

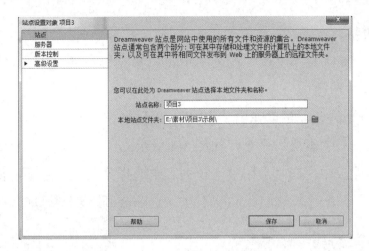

图 3-1　新建站点

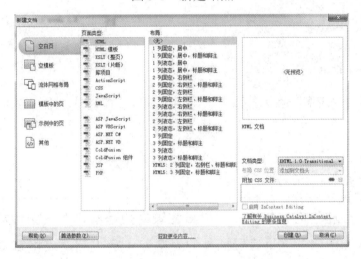

图 3-2　"新建文档"对话框

图 3-3　"另存为"对话框

步骤 2：创建表格。

（1）在"文档"窗口的"设计"视图中单击鼠标左键，使文本光标移动到需要插入表格的位置。

（2）执行以下操作之一，可以弹出"表格"对话框。

① 选择"插入"→"表格"命令，如图 3-4 所示。

② 在"插入"面板中，在"常用"下拉列表中选择"表格"选项，如图 3-5 所示。

图 3-4　选择"表格"命令

图 3-5　选择"表格"选项

如果"插入"面板未打开，则可以通过选择"窗口"→"插入"命令来打开"插入"面板。

（3）在弹出的"表格"对话框中，可以设置表格的基本属性，如行数、列、表格宽度和边框粗细等，如图 3-6 所示。这里设置插入的表格为 4 行 1 列，表格宽度为 400 像素，边框粗细为 0 像素。

图 3-6　"表格"对话框 1

① "行数""列"文本框：插入表格的行数和列数。

② "表格宽度"文本框：插入表格的宽度。在该文本框中设置表格宽度，在其右侧的下拉列表中选择宽度单位，单位包括像素和百分比。

③ "边框粗细"文本框：插入表格边框的粗细值。如果应用表格规划网页布局，则可以将"边框粗细"设置为 0 像素，这样在浏览网页时表格将不会显示。

④ "单元格边距"文本框：插入表格中单元格边界与单元格内容之间的距离。

⑤ "单元格间距"文本框：插入表格中相邻单元格与单元格之间的距离。如果没有明确指定单元格边距和单元格间距的值，则大多数浏览器将按照单元格边距设置为 1 像素、单元格间距设置为 2 像素来显示表格。如果想要确保浏览器不显示表格中单元格的边距和间距，则应将"单元格边距"和"单元格间距"均设置为 0 像素。

⑥ "标题"选项组：插入表格中标题所在单元格的样式。

⑦ "辅助功能"选项组：包括"标题"和"摘要"两个选项。"标题"指在表格上方居中显示表格标题，"摘要"指对表格的说明，其内容不会显示在"设计"视图中，只有在"代码"视图中才可以看到。

（4）在设置完成后单击"确定"按钮。

步骤 3：添加表格对象。

在完成表格的相关设置之后，可以在表格的单元格中插入图像、添加文本或嵌套表格等。

（1）插入 LOGO 图像。

① 单击需要插入图像的第一行第一列单元格，选择"插入"→"图像"命令，或者选择"插入"面板中的"图像"选项，将会弹出"选择图像源文件"对话框。

② 在"URL"文本框中输入 file:///E/项目 3/示例/3-1/pic/logo.gif，如图 3-7 所示，然后单击"确定"按钮。

图 3-7　"选择图像源文件"对话框

③ 在弹出的"图像标签辅助功能属性"对话框中，在"替换文本"下拉列表中选择"logo"选项，如图 3-8 所示，然后单击"确定"按钮。

图 3-8　　"图像标签辅助功能属性"对话框

（2）添加文本。

单击需要添加文本的最后一行单元格，输入页脚文本"市区公司：虹莘路 3998 号（帝宝国际大厦）4 楼"，效果如图 3-9 所示。

图 3-9　添加文本后的效果

提示 ●●●

---

① 在表格的单元格中直接输入文本，单元格将随着输入文本的增加而自动扩展。

② 可以粘贴从其他文档中复制的文本。

③ 按下 Tab 键可以移动到下一个单元格中，按下 Tab+Shift 组合键可以将插入点移动到前一个单元格中。

（3）嵌套表格。

嵌套表格就是在一个表格的单元格中插入另一个表格。此处需要在第二行第一列单元格中嵌套一个表格来制作导航栏。

① 单击第二行第一列单元格，选择"插入"→"表格"命令，在弹出的"表格"对话框中，设置插入一个 1 行 5 列的表格，如图 3-10 所示。

② 在嵌套的表格的 5 个单元格中分别输入文本"网站首页"、"经典案例"、"服务流程"、"公司简介"和"联系我们"，作为导航栏，嵌套表格的效果如图 3-11 所示。

图 3-10   "表格"对话框 2

步骤 4：设置表格的属性。

在表格中插入图像、添加文本或嵌套表格后，需要设置对齐方式、背景颜色等属性。想要设置表格的属性，需要先选中整个表格或表格中的部分单元格，再使用"属性"面板来查看和更改其属性。

（1）选中表格。

① 选中表格的方法主要有以下 3 种。

● 单击"设计"视图左下角的<table>标签。

● 单击表格的左上角或边框线。

● 先将表格的所有单元格选中，再选择"编辑"→"全选"命令。

选中表格后的效果如图 3-12 所示，在表格周围出现了 3 个控制点。

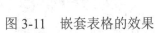

图 3-11   嵌套表格的效果   图 3-12   选中表格后的效果

② 选中表格的行和列的方法主要有以下 3 种。

● 将光标移动到要选中的行中，单击"设计"视图左下角的<tr>标签。

● 按住鼠标左键由上至下拖曳可以选中列，如果从左到右拖曳鼠标，则可以选中行。

● 把鼠标指针移动到要选中行的行首或要选中列的列首，鼠标指针会变为粗黑箭头，此时单击则可以选中行或列。

③ 选中单元格的方法主要有以下 3 种。

● 将光标移动到要选中的单元格中，单击"设计"视图左下角的<td>标签。

● 按住鼠标左键并拖曳来选中单元格。

● 按住 Shift 键，通过单击单元格来选中。

④ 选中不相邻的行和列或单元格的方法有以下 2 种。

● 按住 Ctrl 键，单击要选中的行和列或单元格。

● 在已经选中的不连续的行和列或单元格中，按住 Ctrl 键，单击行和列或单元格，则可以去掉不想选中的行和列或单元格。

（2）设置整个表格的属性。

在选中整个表格后，选择"窗口"→"属性"命令，打开表格的"属性"面板，如图 3-13 所示。

图 3-13　表格的"属性"面板

在"属性"面板中可以命名表格，并设置行数、列数、表格宽度、填充值、间距值、对齐方式和边框值等。这里的对齐方式包括"左对齐"、"居中对齐"和"右对齐"，是指表格相对于其父容器水平方向上的对齐方式。表格居中对齐后的效果如图 3-14 所示。

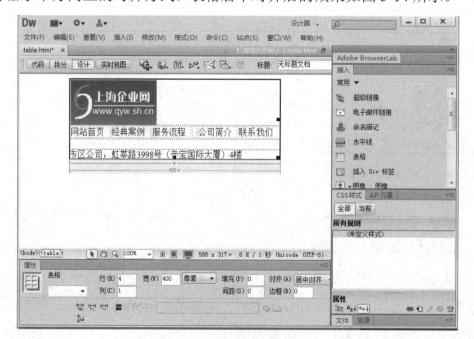

图 3-14　表格居中对齐后的效果

（3）设置行、列和单元格的属性。

在选中表格中的某行、某列或某些单元格后，可以使用"属性"面板来改变单元格、行、列的属性。单击"属性"面板左上角的"HTML"按钮，不仅可以设置单元格中文本的加粗、倾斜效果及添加项目列表和编号列表，还可以设置对齐方式、宽度、高度和背景颜色等，如图 3-15 所示。

图 3-15　行、列和单元格的"属性"面板

① 对齐单元格中的内容：对齐方式包括水平对齐和垂直对齐。

在"水平"下拉列表中，可以设置单元格行或列中内容的水平对齐方式为"左对齐"、"右对齐"、"居中对齐"或"默认"。

在"垂直"下拉列表中，可以设置单元格行或列中内容的垂直对齐方式为"顶端"、"居中"、"底部"、"基线"或"默认"。

几种常用的对齐方式的效果如图 3-16 所示。

图 3-16　几种常用的对齐方式的效果

设置第一行单元格中的 LOGO 图像为水平左对齐，第二行单元格中的内容为水平居中对齐、垂直居中对齐，并将第二行单元格中的导航文字加粗，设置第四行单元格中的页脚文字为水平居中对齐、垂直居中对齐，效果如图 3-17 所示。

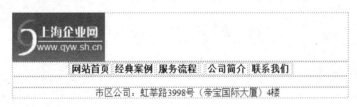

图 3-17　设置单元格中内容对齐方式及文字加粗后的效果

② 设置单元格的背景颜色：在选中第一行第一列单元格后，在"属性"面板中，单击"背景颜色"右侧的下拉按钮，在弹出的下拉列表中使用拾色器拾取深蓝色，则第一行第一列单元格的背景颜色即可被设置为深蓝色，使用同样的方式将导航栏的背景颜色设置为浅蓝色。

设置背景颜色后的效果如图 3-18 所示。

图 3-18　设置背景颜色后的效果

步骤 5：表格的基本操作。

（1）添加行或列。

需要在网页文件 table.html 中表格的第三行单元格中插入一行，设置水平右对齐，并输入系统日期和星期。

若想要在表格中添加行或列，则可以执行以下操作之一。

① 将光标移动到单元格中后右击，在弹出的快捷菜单中选择"表格"→"插入行"或"表格"→"插入列"命令，即可在表格中光标所在单元格的上面插入一行或光标所在单元格的左侧插入一列，如图 3-19 所示。

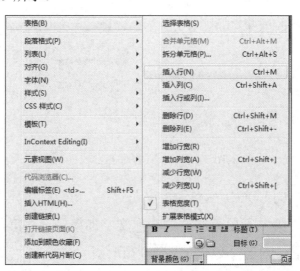

图 3-19　插入行或插入列的快捷菜单

② 将光标移动到单元格中，然后选择"修改"→"表格"→"插入行"或"修改"→"表格"→"插入列"命令，即可在表格中光标所在单元格的上面插入一行或光标所在单元格的左侧插入一列，如图 3-20 所示。

③ 将光标移动到单元格中，然后选择"修改"→"表格"→"插入行或列"命令，会弹出一个"插入行或列"对话框，在其中选择插入行或列，并设置插入的行或列的数目及位置，然后单击"确定"按钮，即可一次性插入多行或多列，并可以选择插入的位置，如图 3-21 所示。

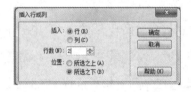

图 3-20　插入行或插入列的菜单命令　　　　图 3-21　"插入行或列"对话框

（2）调整表格。

修改网页文件 table.html 中表格的大小、行高和列宽。

在创建表格后，可以根据需要进一步调整表格的大小或某些行的行高或某些列的列宽，其具体操作步骤如下所述。

① 使用拖曳法调整表格。

在选中整个表格后，表格四周会出现控制点，拖曳表格右侧的控制点，即可改变表格的宽度；拖曳表格下方的控制点，即可改变表格的高度；拖曳表格右下角的控制点，则可以同时改变表格的宽度和高度。

当将鼠标指针移动到行的底边线上，变为双向箭头时，上下拖曳可以改变行的高度。

当将鼠标指针移动到列的右边线上，变为双向箭头时，左右拖曳可以改变列的宽度。

② 使用"属性"面板调整表格。

在选中表格的行和列后，在"属性"面板的"宽"和"高"文本框中输入以像素为单位的宽度值和高度值，即可调整表格的大小。

在网页文件 table.html 中表格的第四行单元格中嵌套一个 4 行 3 列的表格，并设置为居中对齐，调整行高后的效果如图 3-22 所示。

（3）删除行或列。

将光标移动到要删除行或列的单元格中，然后选择"修改"→"表格"→"删除行"或"修改"→"表格"→"删除列"命令，即可将行或列删除。

删除第四行嵌套表格中的一列，保留 4 行 2 列。

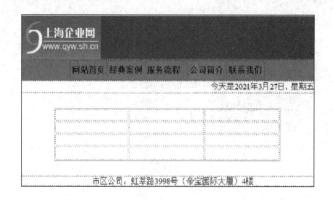

图 3-22　调整行高后的效果

（4）合并单元格。

可以将表格中的若干个单元格合并为一个单元格。可以将多行合并为一行，也可以将多列合并为一列，还可以将多行和多列合并为一个单元格。

选中要合并的单元格，然后单击"属性"面板中的"合并单元格"按钮，即可合并选中的多个单元格。

将嵌套表格的第二列合并为一个单元格，如图 3-23 所示。

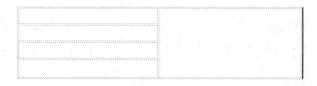

图 3-23　合并单元格

（5）拆分单元格。

可以将一个单元格拆分成几个单元格，方法如下所述。

将光标移动到要拆分的某个单元格中，然后单击"属性"面板中的"拆分单元格"按钮，在弹出的"拆分单元格"对话框中，设置好要拆分成的行数和列数，然后单击"确定"按钮。

将网页文件 table.html 中表格第一行的单元格拆分成两个单元格，并在第二个单元格中输入文本"设为首页|加入收藏|联系我们"，如图 3-24 所示。

图 3-24　拆分单元格并输入文本

知识链接

网页布局的效果直接影响到网页设计的质量。在完成网站的规划后，必须事先做好布局规划，如 LOGO 应该设计为多大、Banner 应该设计为多大、图标应该设计多少等。页面布局设计主要包括页面版式草图的设计、布局方案的选择、布局方案的细化、布局技术的选择及页面元素的确定等内容。

1．页面版式草图的设计

在进行页面版式的初步构思前，应先确定网站的主题和主要栏目。在进行具体设计时，可以将新页面视为一张白纸，尽可能地发挥想象力，将设想的版式使用铅笔画在纸上形成版式草图。版式草图不用讲究细腻工整，也不必考虑细节问题，只需要使用简洁的线条勾画出创意轮廓即可。在一般情况下，应多设计几种方案。图 3-25 所示为一个网页的 4 种版式草图。

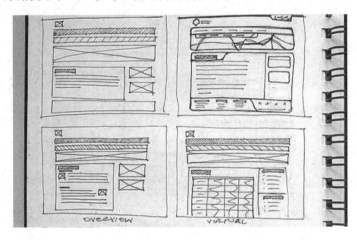

图 3-25　页面版式草图的设计

在页面版式草图设计阶段，除了考虑页面版式的布局方案，还应确定浏览页面的大小（如 1024 像素×768 像素）、页面的主题造型，以及页面、页脚、页面对象（文本、图像和其他多媒体元素）的大致位置。

2．布局方案的选择

对于初步构思的多种布局方案，应先进行仔细分析，多方征求意见，再从中择优选择一种布局方案。

3．布局方案的细化

在初步构思的布局方案的基础上，添加主要的栏目。在进行布局方案的细化时，必须遵循突出重点、平衡协调的原则，将网站标识、主菜单等最重要的模块放在最显眼、最突出的位置，再考虑次要栏目的排放，如图 3-26 所示。

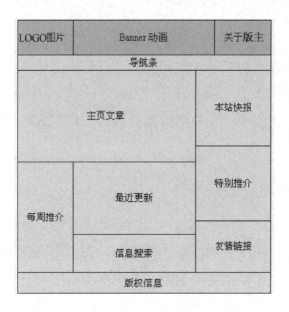

图 3-26　布局方案的细化

4．布局技术的选择

Dreamweaver CS6 提供了多种实用的布局技术，可以根据布局的复杂程度和具体要求进行选择，如表格布局、Div+CSS 布局等。

5．页面元素的确定

在设计好页面后，可以根据布局方案确定要制作的图形和动画，以及要准备和加工的素材。

 拓展与提高

常用的表格元素包括 table（表格）元素、tr（行）元素和 td（单元格）元素。表格元素由行元素组成，而行元素则由单元格元素组成，如图 3-27 所示。其中，图 3-27（a）为基本表格程序代码，图 3-27（b）为该程序的网页效果。

```
<table border="1">
  <tr>
     <td>单元格1_1</td>
     <td>单元格1_2</td>
  </tr>
  <tr>
     <td>单元格2_1</td>
     <td>单元格2_2</td>
  </tr>
</table>
```

单元格1_1	单元格1_2
单元格2_1	单元格2_2

（a）基本表格程序代码　　　　　（b）网页效果

图 3-27　常用的表格元素

试一试

启动 Dreamweaver CS6，新建一个网页，使用表格设计网页的布局，并注意嵌套表格、合并和拆分单元格、调整单元格的背景颜色、调整行高和列宽及对齐方式等。

任务 2　使用 Div+CSS 布局网页

任务目标

（1）掌握使用 Div 布局页面功能模块的方法。

（2）掌握使用 CSS 对网页外观进行设置的方法。

任务描述

Div 是 HTML 中常用的块元素，起到了分段、分块的作用，可以用于布局页面结构。CSS 主要用于对页面的字体、颜色和背景等进行精确控制，从而对网页的外观进行布局。

任务分析

传统的表格布局方式是通过大小不一的表格和嵌套表格来定位及布局网页内容的。本任务使用 Div+CSS 布局方式，即通过 CSS 定义大小不一的 Div 和 Div 嵌套来布局网页。采用这种布局方式的网页不仅代码简洁，而且由于网页的表现和内容相分离，因此维护方便，还能兼容更多的浏览器。

操作步骤

步骤 1：启动 Dreamweaver CS6，打开站点，新建 HTML 文档。

（1）双击桌面上的 Dreamweaver CS6 图标，启动 Dreamweaver CS6。

（2）在"文件"面板中选择已经创建的站点"项目 3"，如图 3-28 所示，打开站点"项目 3"。

（3）选择"文件"→"新建"命令，或者按下 Ctrl+N 组合键，弹出"新建文档"对话框。

（4）在"新建文档"对话框的左侧栏中选择"空白页"标签，在"页面类型"列表框中选择"HTML"选项，在"布局"列表框中选择"<无>"选项，然后单击"创建"按钮，如图 3-29 所

图 3-28　打开站点"项目 3"

59

示。此时，新建了一个默认名称为 Untitled-1 的空白网页。

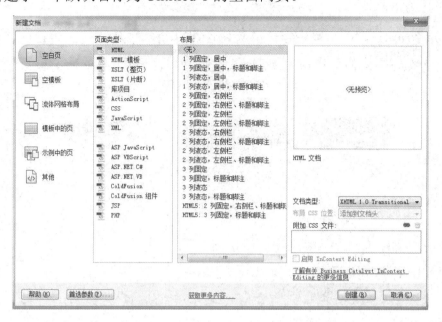

图 3-29　"新建文档"对话框

（5）选择"文件"→"保存"命令，或者按下 Ctrl+S 组合键，在弹出的"另存为"对话框中，将文件名设置为 divcss.html。

步骤 2：插入 Div 标签，布局网页。

（1）在"文档"窗口中，切换到"设计"视图，然后执行以下操作之一，即可弹出"插入 Div 标签"对话框。

① 选择"插入"→"布局对象"→"Div 标签"命令，如图 3-30 所示。

② 在"插入"面板中，选择"插入 Div 标签"选项，如图 3-31 所示。

图 3-30　选择"Div 标签"命令　　　　图 3-31　选择"插入 Div 标签"选项

（2）在弹出的"插入 Div 标签"对话框中，在"ID"文本框中输入 container，如图 3-32 所示，插入 Div 标签后的效果如图 3-33 所示。

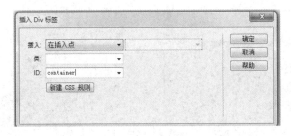

图 3-32　"插入 Div 标签"对话框

此处显示 id"container" 的内容

图 3-33　插入 Div 标签后的效果

提示

---

① Div 标签的 HTML 代码是<div></div>，<div>是一个块级元素，其内容可以自动在一个新行中显示，所以<div>标签可以把文档分割为独立的、不同的部分。

② 在"ID"文本框中输入 container 后，代码如下：

```
<div id="container">此处显示 id"container"的内容</div>
```

在"类"文本框中输入 class 后，代码如下：

```
<div class="class">此处显示 class"class" 的内容</div>
```

③ 可以对同一个 <div>标签同时应用 class 和 ID 属性，但是更常见的情况是只应用其中一个属性。两者的主要差异是：class 属性用于元素组（类似的元素，也可以理解为某一类元素），多个 Div 标签可以使用同一个 class；而 ID 属性则用于标识唯一元素，在同一个网页文件中，ID 不能重复。当然，不必为每一个<div>标签都加上类或 ID。

（3）将内容"此处显示 id"container"的内容"删除，将光标移动到 Div 标签虚线框的内部，在"插入"面板中选择"插入 Div 标签"选项，并在"ID"文本框中输入 header，则在 ID 为 container 的 Div 标签中嵌套插入 ID 为 header 的 Div 标签。切换到"拆分"视图，效果如图 3-34 所示。

（4）使用同样的方法，在 ID 为 header 的 Div 标签下面插入 ID 分别为 nav、content 和 footer 的 3 个 Div 标签，效果如图 3-35 所示。

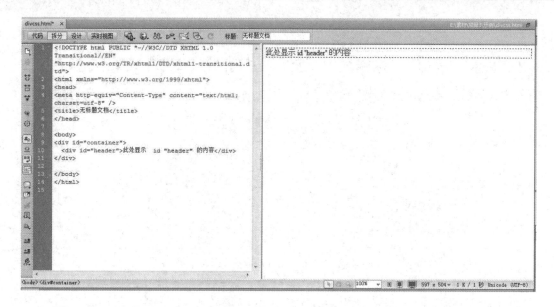

图 3-34　"拆分"视图中的代码和设计效果

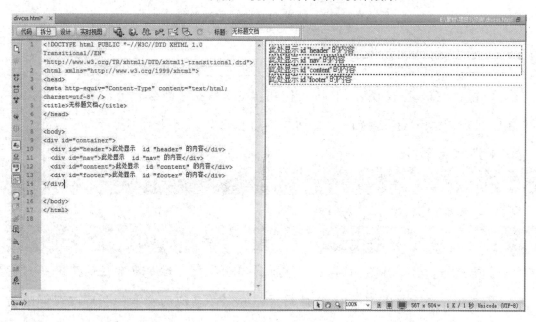

图 3-35　在 Div 标签中嵌套 Div 标签后的效果

提示 ●●●

　　为了避免插入的 ID 为 nav 的 Div 标签成为 ID 为 header 的 Div 标签的内部嵌套 Div 标签，可以在"拆分"视图中，将光标移动到代码"<div id="header">此处显示 id"header"的内容</div>"后插入 ID 为 nav 的 Div 标签。

　　步骤 3：创建 CSS 样式，设置网页的外观。

　　（1）设置网页的背景颜色。

　　① 单击"CSS 样式"面板右下角的"新建 CSS 规则"按钮 ，如图 3-36 所示。

　　② 在弹出的"新建 CSS 规则"对话框的"选择器类型"下拉列表中选择"标签（重新

定义 HTML 元素）"选项，在"选择器名称"下拉列表中选择"body"选项，然后单击"确定"按钮，如图 3-37 所示。

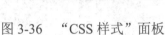

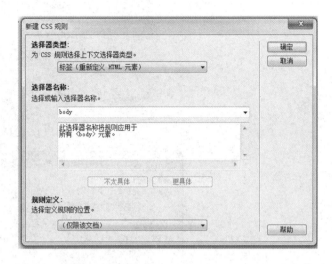

图 3-36　"CSS 样式"面板　　　　图 3-37　"新建 CSS 规则"对话框 1

③ 在弹出的"body 的 CSS 规则定义"对话框的"分类"列表框中选择"背景"选项，在右侧背景属性中单击"Background-color"右侧的颜色块，展开颜色拾取器，选择一种浅蓝色，如图 3-38 所示。

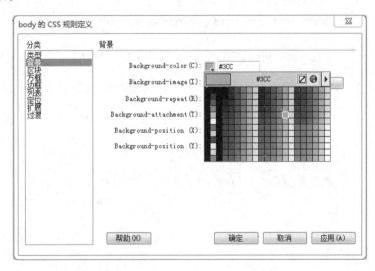

图 3-38　"body 的 CSS 规则定义"对话框

④ 单击"确定"按钮，效果如图 3-39 所示。

（2）设置外层 Div 标签的宽度、高度和边框。

① 单击"CSS 样式"面板右下角的"新建 CSS 规则"按钮 。

② 在弹出的"新建 CSS 规则"对话框的"选择器类型"下拉列表中选择"ID（仅应用于一个 HTML 元素）"选项，在"选择器名称"下拉列表中选择"#container"选项，然后单击"确定"按钮，如图 3-40 所示。

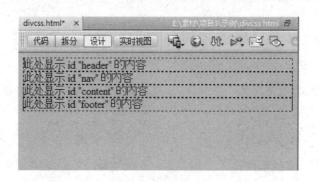

图 3-39　为网页设置背景颜色后的效果

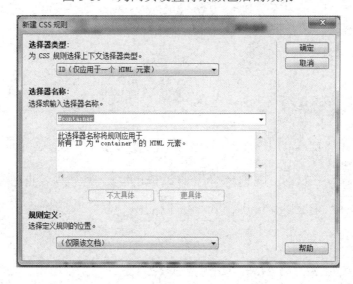

图 3-40　"新建 CSS 规则"对话框 2

③ 在弹出的"#container 的 CSS 规则定义"对话框的"分类"列表框中选择"背景"选项，设置 Background-color 为白色，然后在"分类"列表框中选择"方框"选项，将方框属性中的 Width 设置为 580px、Height 设置为 400px，如图 3-41 所示。

图 3-41　"#container 的 CSS 规则定义"对话框

④ 在"分类"列表框中选择"边框"选项，将 3 个"全部相同"复选框全部勾选，并将

Style 设置为 solid、Width 设置为 1px、Color 设置为#333（即灰色），如图 3-42 所示。

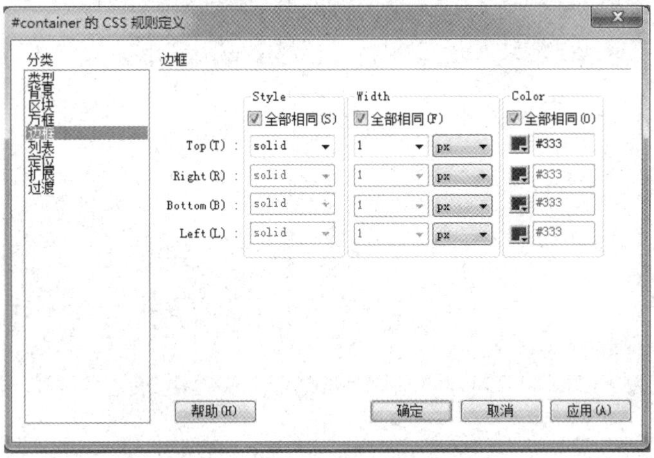

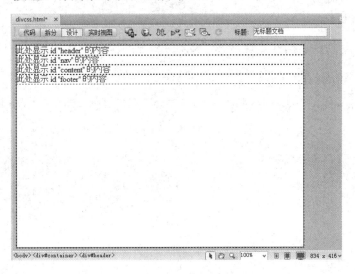

图 3-42　边框属性的设置

⑤ 单击"确定"按钮，效果如图 3-43 所示。

图 3-43　为外层 Div 标签设置宽度、高度和边框后的效果

（3）设置内层 4 个 Div 标签的背景颜色、高度和边框。

① 使用与前面相同的方法，设置 ID 为 header 的内层 Div 标签的高度为 40px，背景颜色为深蓝色，无边框。

② 设置 ID 为 nav 的内层 Div 标签的高度为 30px，背景颜色为深蓝色，"solid"白色边框的宽为 1px。

③ 设置 ID 为 content 的内层 Div 标签的高度为 300px，背景颜色不改变。

④ 设置 ID 为 footer 的内层 Div 标签的高度为 25px，无边框。

最终的视图效果如图 3-44 所示。

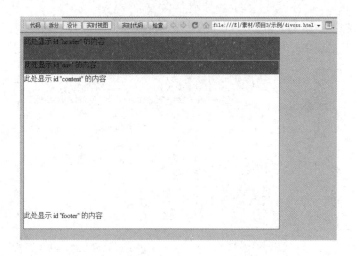

图 3-44　最终的视图效果

步骤 4：修改 CSS 样式，改变网页的外观。

修改 ID 为 footer 的 Div 标签的背景颜色与 ID 为 header 的 Div 标签的背景颜色一致，即将其背景颜色修改为深蓝色。

（1）在新建 CSS 样式后，CSS 样式的名称会在"CSS 样式"面板中列出，如图 3-45 所示。

（2）修改 ID 为 footer 的 Div 标签的 CSS 样式，在"CSS 样式"面板中双击"#footer"样式，即可弹出"#footer 的 CSS 规则定义"对话框，设置背景颜色为深蓝色，效果如图 3-46 所示。

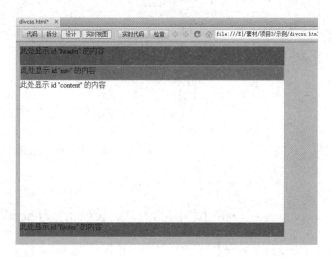

图 3-45　当前网页的　　　　　　　　图 3-46　修改 ID 为 footer 的 Div 标签的
"CSS 样式"面板　　　　　　　　　　　背景颜色后的效果

🧩 知识链接

1. CSS 的基本语法

CSS 是一系列格式规则，使用 CSS 样式可以灵活控制网页的外观，从精确的布局定位到特定的字体样式，都可以使用 CSS 样式来完成。

可以通过"CSS 规则定义"对话框来设置各种 CSS 样式，也可以编写 CSS 样式代码。CSS 样式代码的基本语法规则如下：

```
选择器{属性:属性值;}
```

或者：

```
选择器{属性1:属性值1;属性2:属性值2;}
```

2．常用的选择器

（1）标签选择器：通常用于指定某个 HTML 标签的样式，在本任务中设置了 body 标签的背景属性，其 CSS 样式代码如下：

```
body{background-color:#6CF;}
```

（2）类选择器：允许以一种独立于文档元素的方式来指定样式，多个元素可以使用一类样式。当定义类选择器时需要在类选择器名称前加一个英文点号（.），在使用该样式时，格式为"class="类选择器名称""。示例如下：

```
.important{color:red;}
<h1 class="important">This heading is very important.</h1>
<p class="important">This paragraph is very important.</p>
```

（3）ID 选择器：当定义 ID 选择器时需要在 ID 选择器名称前面加一个#，在使用该样式时，格式为"id="ID 选择器名称""。与类选择器不同，在一个 HTML 文档中，ID 选择器会使用一次，且仅能使用一次。示例如下：

```
#header{background-color:#03F;height:40px;}
<div id="header">此处显示id"header"的内容</div>
```

（4）包含选择器：可以定义同时影响两个或多个标签、类或 ID 的复合样式。

多个选择器以空格隔开，组合成包含关系，且右边的选择器从属于左边的选择器（右边的选择器只能在左边的选择器范围内选择）。示例如下：

```
#nav a{text-decoration:none;}
```

上述示例表示对"id="nav""元素中的超级链接<a>应用该样式（超级链接取消下画线），而其他网页元素的超级链接则不受影响。

 拓展与提高

传统的表格布局方式实际上是利用了表格元素具有的无边框特性，表格布局方式的优势在于容易掌握，布局方便。不过，使用表格布局方式布局网页会生成大量难以阅读和维护的代码，而大量样式设计代码混杂在表格、单元格中，这样不仅使得代码的可读性大大降低，而且维护的成本也相当高。此外，由于使用表格布局方式布局的网页需要等整个表格下载完毕后才能显示所有内容，因此使用表格布局方式布局的网页的浏览速度较慢。

Div 可以理解成一个块，是一个比表格简单的元素，在语法上只有<div></div>这样简单的定义。Div 最大的好处就是样式由 CSS 来控制。

总的来说，**Div+CSS 布局方式比表格布局方式的优势如下：**

（1）Div+CSS 布局方式比表格布局方式节省页面代码，代码结构更清晰明了。

（2）使用 Div+CSS 布局方式布局的网页对搜索引擎友好，网页下载速度更快，因此能够比使用表格布局方式布局的网页更快速地显示网站内容。

（3）Div+CSS 布局方式使对网站版面布局的修改变得更简单，因为版面代码都写在独立的 CSS 文件中，这样修改起来更方便，而不像表格布局方式那样需要在页面中修改很多信息。

试一试

新建网页文件，尝试使用 Div+CSS 布局方式设计网页布局结构，效果参照本书素材中的"素材\项目 3\试一试\3-2\shi3-2.html"文件。

任务 3 Div+CSS 页面布局优化

任务目标

（1）掌握使用 Div+CSS 布局方式设计一列布局页面的方法。

（2）掌握使用 Div+CSS 布局方式设计多列布局页面的方法。

任务描述

Div 是块级元素，块级元素的显著特点是：每个块级元素都是从一个新行开始显示的，并且其后的元素也需要另起一行显示。本任务通过设置 CSS 样式，使多个 Div 标签能并列显示在一行中，以形成多种不同类型的网页布局。

任务分析

通过设置 CSS 中的 Margin 属性和 Float 属性，来实现 Div 标签的页面居中、两列或多列布局。

操作步骤

步骤 1：启动 Dreamweaver CS6，打开站点，新建 HTML 文档。

（1）双击桌面上的 Dreamweaver CS6 图标，启动 Dreamweaver CS6。

（2）在"文件"面板中选择已经创建的站点"项目3"，如图3-47所示，打开站点"项目3"。

图 3-47　选择并打开站点"项目 3"

（3）选择"文件"→"新建"命令，或者按下 Ctrl+N 组合键，弹出"新建文档"对话框。

（4）在"新建文档"对话框的左侧栏中选择"空白页"选项，在"页面类型"列表框中选择"HTML"选项，在"布局"列表框中选择"<无>"选项，然后单击"创建"按钮。此时，新建了一个默认名称为 Untitled-1 的空白网页。

（5）选择"文件"→"保存"命令，或者按下 Ctrl+S 组合键，在弹出的"另存为"对话框中，将文件名设置为 divcss2.html。

步骤 2：一列布局。

（1）一列固定宽度。

① 插入 Div 标签。在"插入"面板中选择"插入 Div 标签"选项，在弹出的"插入 Div 标签"对话框的"ID"文本框中输入 container，然后单击"确定"按钮，如图 3-48 所示。

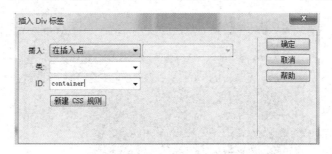

图 3-48　"插入 Div 标签"对话框

② 新建 CSS 样式。单击"CSS 样式"面板右下角的"新建 CSS 规则"按钮，在弹出的"新建 CSS 规则"对话框的"选择器类型"下拉列表中选择"ID（仅应用于一个 HTML 元素）"选项，在"选择器名称"下拉列表中选择"#container"选项，然后单击"确定"按钮，如图 3-49 所示。

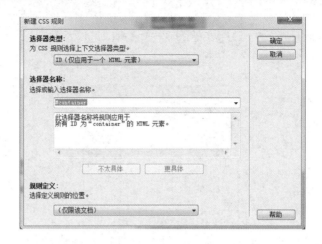

图 3-49 "新建 CSS 规则"对话框 3

③ 在弹出的"#container 的 CSS 规则定义"对话框的"分类"列表框中选择"背景"选项，设置 Background-color 为蓝色。然后在"分类"列表框中选择"方框"选项，将方框属性中的 Width 设置为 600px、Height 设置为 500px，如图 3-50 所示。

图 3-50 设置背景属性和方框属性

④ 此时，可以发现该 Div 标签默认为页面左对齐，如图 3-51 所示。

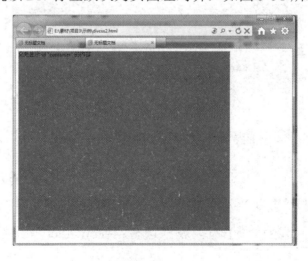

图 3-51 Div 标签自动在页面中左对齐

（2）一列固定宽度页面居中。

① 弹出"#container 的 CSS 规则定义"对话框的操作方法有以下两种。

方法一：在"CSS 样式"面板中双击"#container"样式。

方法二：在"CSS 样式"面板中选中"#container"样式，单击左下角的"编辑样式"按钮 。

② 设置方框属性。在"Margin"选项组中，勾选"全部相同"复选框，在"Top"下拉列表中选择"auto"选项，然后单击"确定"按钮，如图 3-52 所示。

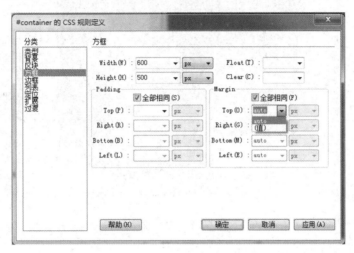

图 3-52　设置方框属性

其中，auto 用于实现 Div 标签页面居中，如图 3-53 所示。

图 3-53　Div 标签页面居中

（3）一列多块页面居中。

① 在 ID 为 container 的 Div 标签的下方再插入两个 Div 标签，它们的 ID 分别为 header

和 nav。ID 为 header 的 Div 标签的 CSS 样式设置如下：背景颜色为绿色，Width 为 600px，Height 为 50px。ID 为 nav 的 Div 标签的 CSS 样式设置如下：背景颜色为橘色，Width 为 600px，Height 为 30px。显示效果如图 3-54 所示。

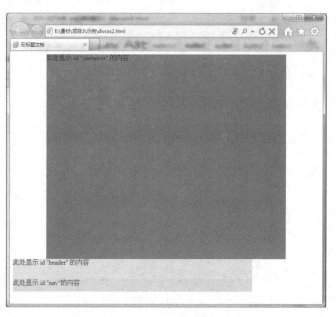

图 3-54　显示效果

② 如果不将 Margin 属性值设置为 auto，则默认页面左对齐。如果想要实现多个 Div 标签页面居中，则不必将每个 Div 标签的 Margin 属性值都设置为 auto，可以将 ID 分别为 header 和 nav 的 Div 标签移动到 ID 为 container 的 Div 标签中，作为 ID 为 container 的 Div 标签的子标签，此时，父标签的居中效果会影响子标签，效果如图 3-55 所示。

图 3-55　嵌套 Div 标签的居中效果

提示

上述 3 个 Div 标签的代码如下：

```
<div id="container">此处显示 id"container"的内容
    <div id="header">此处显示 id"header"的内容</div>
    <div id="nav">此处显示 id"nav"的内容</div>
</div>
```

步骤 3：两列布局。

（1）两列固定宽度的 Div 标签默认显示。

① 继续在 ID 为 container 的 Div 标签中的 ID 为 nav 的 Div 标签的下方插入两个 Div 标签，它们的 ID 分别为 content 和 side。ID 为 content 的 Div 标签的 CSS 样式设置如下：背景颜色为绿色，Width 为 440px，Height 为 300px。ID 为 side 的 Div 标签的 CSS 样式设置如下：背景颜色为灰色，Width 为 150px，Height 为 300px。显示效果如图 3-56 所示。

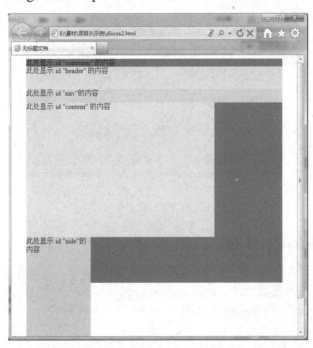

图 3-56　两列固定宽度的 Div 标签默认显示效果

② 可以看出 ID 分别为 content 和 side 的 Div 标签为上下显示，为了使 ID 分别为 content 和 side 的 Div 标签并列显示，需要设置 CSS 中的 Float 属性。

（2）两列布局的操作。

① 打开"#content 的 CSS 规则定义"对话框，在"分类"列表框中选择"方框"选项，然后在"Float"下拉列表中选择"left"选项，使 ID 为 content 的 Div 标签左浮动，如图 3-57 所示。

图 3-57　定义 ID 为 content 的 Div 标签的方框属性

②　打开"#side 的 CSS 规则定义对话框"，在"分类"列表框中选择"方框"选项，然后在"Margin"选项组中取消勾选"全部相同"复选框，并在"Left"文本框中输入 450，如图 3-58 所示。

图 3-58　定义 ID 为 side 的 Div 标签的方框属性

③　两列布局的效果如图 3-59 所示。

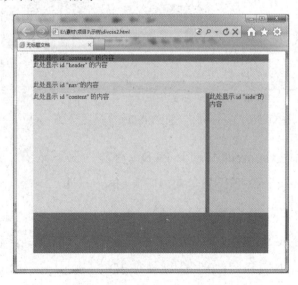

图 3-59　两列布局的效果

知识链接

1．文档流

HTML 页面的标准文档流（默认布局）如下：从上到下，从左到右，遇块（块级元素）换行。

2．浮动层

浮动层：在给元素的 Float 属性赋值后，元素就脱离了文档流，进行左右浮动，紧贴着父元素（默认为 body 文本区域）的左右边框。

而此浮动元素在文档流空出的位置，则由后续的（非浮动）元素填充上去：块级元素直接填充上去，若与浮动元素的范围发生重叠，则浮动元素会覆盖块级元素；内连元素有空隙即可插入。

 拓展与提高

在网页设计中，常用的属性有内容（content）、填充（padding）、边框（border）和边界（margin），CSS 盒模型中具备这些属性，如图 3-60 所示。

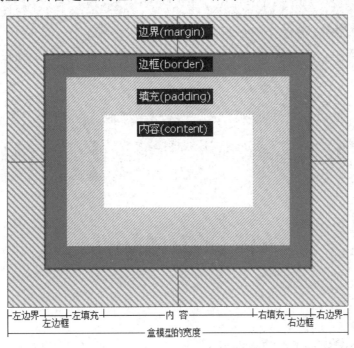

图 3-60 CSS 盒模型

可以把 CSS 盒模型想象成现实中上方开口的盒子，然后从正上方向下俯视，边框相当于盒子的厚度，内容相当于盒子中所装物体的空间，填充相当于为防震而在盒子内填充的泡沫，边界相当于在盒子周围留出的一定空间，方便取出。

因此，整个 CSS 盒模型在页面中所占的宽度是由"左边界+左边框+左填充+内容+右填充+右边框+右边界"组成的，而 CSS 样式中 Width 定义的宽度仅仅是内容部分的宽度。

 试一试

新建网页文件，尝试使用 CSS 中的 Margin 和 Float 属性设计复杂的网页布局结构，效果参照本书素材中的"素材\项目 3\试一试\3-3\shi3-3.html"文件。

总结与回顾

本项目介绍了网页布局的方法和技巧。

（1）使用表格进行文本和图形的布局，在选中表格或表格中的部分单元格后，可以使用"属性"面板来查看和更改其属性，也可以进行缩放表格、增加或删除表格的行与列、合并或拆分单元格等操作。

（2）Div 是块级元素，用于网页结构布局，CSS 可以用于对页面的布局、字体、颜色、背景和其他效果进行精确控制，从而对网页的外观进行布局。

总的来说，网页布局不仅仅是网页内容的布局，还需要注意以下问题：（1）网页广告和网页内容的合理搭配，需要考虑提高网站访问量和浏览者浏览承受心理；（2）网站的页面需要考虑到交互性能否适用，从而为浏览者带来操作或交换上的方便、为网站或企业会员带来良好的用户转化率和走访黏性；（3）在肯定网站的主色彩时，还需要依据客户的合理需求，对色彩进行合理的搭配。这要求读者平时多看优秀作品，多思考，慢慢形成自己的风格。

实训　设计网页布局

任务描述

当网页呈现在网页设计师的面前时，其就像一张白纸，网页设计师可以任意挥洒自己的设计才能。观察如图 3-61 所示的网页布局，分别使用表格和 Div+CSS 两种网页布局方式来设计网页布局。

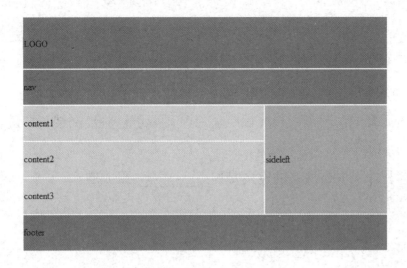

图 3-61　网页布局

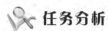 任务分析

这里对同一个网页布局使用两种网页布局方式来设计，在设计完成后比较生成的代码，来了解两种网页布局方式的区别。

习题 3

1. 选择题

（1）合并表格中的单元格使用的按钮是（　　）。

A. 　　　　B. 　　　　C. 　　　　D.

（2）如果想要选中表格的某一行，则可以单击"设计"视图左下角的（　　）。

A. <table>　　　B. <td>　　　C. <tr>　　　D. <th>

（3）在 CSS 样式中设置背景颜色应使用（　　）属性。

A. Background-color　　　　B. Background-image

C. Background-repeat　　　　D. Background-position

（4）在 CSS 盒模型中，内容与边框之间称为（　　）。

A. content　　　　B. padding

C. border　　　　D. margin

（5）为了实现 Div 标签页面居中，需要设置（　　）属性值为 auto。

A. Content　　　　B. Padding

C. Border　　　　D. Margin

2．填空题

（1）在使用表格布局方式布局网页时，若想要使表格边框不显示，则需要设置_____。

（2）新建的 Div 标签的默认对齐方式为_____。

（3）在给块级元素的_____属性赋值后，元素可以脱离文档流，进行左右浮动，实现多列布局。

（4）CSS 盒模型在页面中所占的宽度是由_____组成的。

3．简答题

（1）页面布局设计的主要内容有哪些？

（2）如何创建 CSS 样式？在应用 CSS 样式时，ID 选择器和类选择器的使用方法有哪些区别？

创 建 网 页

一个网站设计得成功与否，很大程度上取决于网站设计师的规划水平。规划网站就像建筑设计师设计大楼一样，图纸设计好了，才能建成一幢漂亮的建筑。网站规划包含的内容很多，如网站的结构、栏目的设置、网站的风格、颜色的搭配、版面的布局、文字和图像的运用等，只有在制作网页之前把这些方面都考虑到了，才能在制作网页时驾轻就熟，胸有成竹。"万事开头难"，在刚开始学习制作网页时，我们要养成良好的设计习惯，遵守结构、栏目、风格的设计习惯，加上以后的技术和经验的提高，制作出来的网页才能有个性、有特色、有吸引力。

项目目标

（1）应用 Div 布局网页结构，规划栏目。

（2）应用超级链接制作导航栏。

（3）插入网站所需的图像、视频动画，丰富网页内容。

（4）使用 CSS 设计网站风格、搭配颜色、设计文字格式等。

项目描述

本项目将通过 4 个任务按照先大后小、先简单后复杂的顺序来进行网页的创建。任务 1 制作基本网页，完成网页布局的搭建、基本 CSS 的创建；任务 2 完成导航栏的制作；任务 3 将 LOGO 图像和 Banner 动画插入网页中；任务 4 在网页中输入栏目标题及文字内容，使用 CSS 美化网页，包括边框图片、背景图片、字体颜色和大小、字体对齐方式等。

任务 1　制作基本网页

任务目标

（1）利用 Div+CSS 布局方式设计网页的基本布局。

（2）在 Div 标签中嵌套 Div 标签。

（3）创建 CSS 样式。

（4）CSS 的使用方式。

任务描述

网站规划的效果如图 4-1 所示，按照规划图，将网页布局划分为 6 个部分，如图 4-2 所示。本任务将利用 Div+CSS 布局方式设计网页的基本布局，并创建相应的 CSS 样式。

图 4-1　网页规划的效果

图 4-2　网页布局

任务分析

本任务在设计网页的布局结构时，先不考虑背景颜色、字体大小等细节。在利用 Div+CSS

布局方式设计网页布局时，需要注意页面的宽度，先分析素材的大小，确定各个功能块的宽度和高度，再将以后要用到的 CSS 建立好，以便后面设置样式。

 **操作步骤**

步骤 1：启动 Dreamweaver CS6，新建站点，新建 HTML 文档。

（1）双击桌面上的 Dreamweaver CS6 图标，启动 Dreamweaver CS6。

（2）选择"站点"→"新建站点"命令，将会弹出"站点设置对象"对话框，在"站点名称"文本框中输入"项目 4"，在"本地站点文件夹"文本框中选择"素材\项目 4\示例"文件夹，然后单击"保存"按钮，新建站点"项目 4"。

（3）选择"文件"→"新建"命令，或者按下 Ctrl+N 组合键，将会弹出"新建文档"对话框。

（4）在"新建文档"对话框的左侧栏中选择"空白页"选项，在"页面类型"列表框中选择"HTML"选项，在"布局"列表框中选择"<无>"选项，然后单击"创建"按钮。

（5）选择"文件"→"保存"命令，或者按下 Ctrl+S 组合键，在弹出的"另存为"对话框中，将文件名设置为 index4-1.html。

步骤 2：插入 Div 标签，确定网页栏目板块。

（1）切换到"文档"窗口的"设计"视图，在"插入"面板中选择"插入 Div 标签"选项，将会弹出"插入 Div 标签"对话框。

（2）在"ID"文本框中输入 container，此 Div 标签作为父级 Div 标签，其他 Div 标签都要包含在此 Div 标签中，如图 4-3 所示。

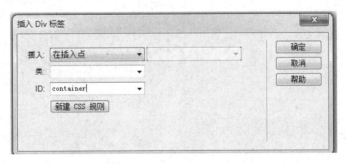

图 4-3　"插入 Div 标签"对话框 1

（3）删除 Div 标签的默认内容"此处显示 id"container"的内容"，将光标移动到 ID 为 container 的 Div 标签内，再依次插入 6 个 Div 标签，它们的 ID 分别是 header、nav、banner、content、side 和 footer，如图 4-4 所示。

此处显示 id "header" 的内容
此处显示 id "nav" 的内容
此处显示 id "banner" 的内容
此处显示 id "content" 的内容
此处显示 id "side" 的内容
此处显示 id "footer" 的内容

图 4-4　网页中插入的 6 个 Div 标签

（4）切换到"代码"视图，查看 Div 标签的层级关系是否有误。代码如下：

```
<div id="container">
  <div id="header">此处显示id"header"的内容</div>
  <div id="nav">此处显示id"nav"的内容</div>
  <div id="banner">此处显示id"banner"的内容</div>
  <div id="content">此处显示id"content"的内容</div>
  <div id="side">此处显示id"side"的内容</div>
  <div id="footer">此处显示id"footer"的内容</div>
</div>
```

步骤 3：创建 CSS 样式。

（1）单击"CSS 样式"面板右下角的"新建 CSS 规则"按钮，如图 4-5 所示。

（2）在弹出的"新建 CSS 规则"对话框的"选择器类型"下拉列表中选择"标签（重新定义 HTML 元素）"选项，在"选择器名称"下拉列表中选择"body"选项，然后单击"确定"按钮，如图 4-6 所示。

（3）在弹出的"body 的 CSS 规则定义"对话框中，此时不进行 CSS 样式设置，直接单击"确定"按钮即可。

图 4-5　"CSS 样式"面板 1　　　　　　图 4-6　"新建 CSS 规则"对话框 1

（4）再次单击"新建 CSS 规则"按钮，在弹出的"新建 CSS 规则"对话框的"选择器类型"下拉列表中选择"ID（仅应用于一个 HTML 元素）"选项，在"选择器名称"下拉列表中选择"#container"选项，然后单击"确定"按钮，如图 4-7 所示。

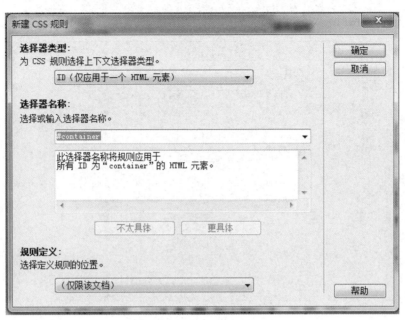

图 4-7 "新建 CSS 规则"对话框 2

（5）在弹出的"#container 的 CSS 规则定义"对话框中，先不进行 CSS 样式设置，直接单击"确定"按钮即可。

（6）使用步骤（4）和步骤（5）的操作方法，分别创建 CSS 样式"#header"、"#nav"、"#banner"、"#content"、"#side"和"#footer"。创建好的 CSS 样式显示在"CSS 样式"面板中，如图 4-8 所示。

图 4-8 "CSS 样式"面板 2

步骤 4：设置 CSS 样式，设计网页布局结构。

（1）设置网页的宽度和高度。在"CSS 样式"面板中双击"#container"样式，在弹出的"#container 的 CSS 规则定义"对话框的"分类"列表框中选择"方框"选项，然后设置

Width 为 960px，Height 不设置，使其自适应即可，即使其随着内容自动变化，设置 Margin 为 auto，即使 ID 为 container 的 Div 标签页面居中对齐，如图 4-9 所示。

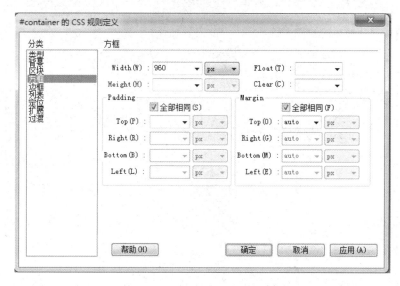

图 4-9 "#container 的 CSS 规则定义"对话框

（2）设置 3 个嵌套 Div 标签的 Height 属性。使用相同的方法，设置 ID 为 header 的 Div 标签的 Height 为 85px、ID 为 nav 的 Div 标签的 Height 为 35px、ID 为 footer 的 Div 标签的 Height 为 110px；不设置宽度，使宽度自适应，与其父级 Div 标签的宽度相同。

（3）设置 ID 分别为 content 和 side 的 Div 标签的 Width、Height 及 Float 属性，使它们成两列布局。

① 在弹出的"#content 的 CSS 规则定义"对话框中，设置 Width 为 705px，Float 为 left，即使其左浮动，如图 4-10 所示。

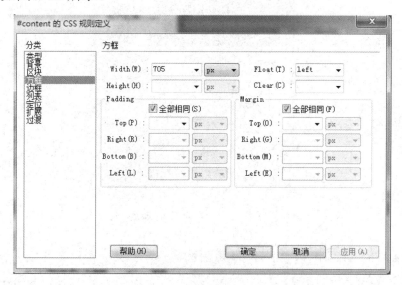

图 4-10 "#content 的 CSS 规则定义"对话框

② 在弹出的 "#side 的 CSS 规则定义" 对话框中，设置 Width 为 230px，在 "Margin" 选项组中取消勾选 "全部相同" 复选框，然后设置其 Left 为 720px、Top 为 10px，如图 4-11 所示。

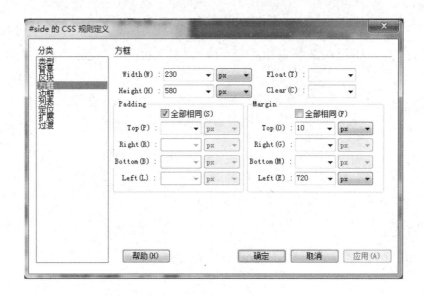

图 4-11　"#side 的 CSS 规则定义"对话框

提示 ●●●

上述"Margin"选项组中 Left 的值比 ID 为 content 的 Div 标签的 Width 的值大 15px，表示 ID 为 content 的 Div 标签和 ID 为 side 的 Div 标签之间有 15px 的间距。

步骤 5：在 ID 为 content 的 Div 标签中嵌套插入 3 个 Div 标签，它们具有相同的类样式。

（1）删除 ID 为 content 的 Div 标签中默认的内容，将光标移动到 ID 为 content 的 Div 标签中，然后在"插入"面板中选择"插入 Div 标签"选项，将会弹出"插入 Div 标签"对话框。在"类"文本框中输入 content1，在"ID"文本框中输入 con1，然后单击"确定"按钮，如图 4-12 所示。

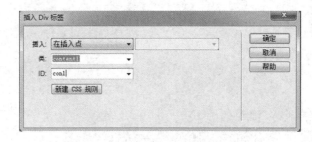

图 4-12　"插入 Div 标签"对话框 2

（2）新建类样式"content1"。单击"CSS 样式"面板右下角的"新建 CSS 规则"按钮，将会弹出"新建 CSS 规则"对话框。在"选择器类型"下拉列表中选择"复合内容（基于选择的内容）"选项，在"选择器名称"下拉列表中选择"#content .content1"选项，然后单击"确定"按钮，如图 4-13 所示。

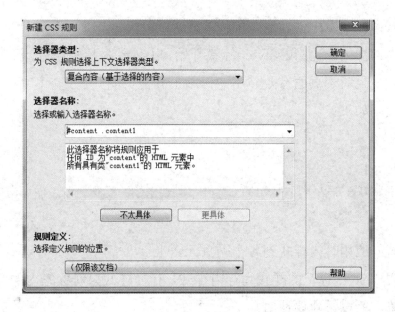

图 4-13　"新建 CSS 规则"对话框 3

（3）在弹出的"#content .content1 的 CSS 规则定义"对话框中，不进行 CSS 样式设置，直接单击"确定"按钮即可。

（4）在 ID 为 con1 的 Div 标签的下方使用同样的方法插入 ID 分别为 con2 和 con3 的 Div 标签，它们的类都使用 content1。

代码如下：

```
<div id="content">
    <div id="con1" class="content1" >此处显示class"content1" id"con1"的内容</div>
    <div id="con2" class="content1" >此处显示class"content1" id"con2"的内容</div>
    <div id="con3" class="content1" >此处显示class"content1" id"con3"的内容</div>
</div>
```

知识链接

CSS 样式在网页中使用的方式有以下 4 种。

（1）外部样式：将网页链接到外部样式表。

这种形式是把 CSS 样式单独写到一个 CSS 文件中，然后在源代码的<head>标签内以 link 方式链接。其好处是不仅本页面可以调用样式表，而且其他页面也可以调用样式表，这种形式是常用的一种形式。

链接外部样式表的代码如下：

```
<head>
<link href="layout.css" rel="stylesheet" type="text/css" />
</head>
```

（2）内部样式：在网页中创建嵌入的样式表。

这种形式是内部样式表，它以<style>标签开始，以</style>标签结束，写在源代码的<head>标签内。这种样式表只对本页面有效，不能作用于其他页面。

内部样式的代码如下：

```
<head>
<style>
h2{color:#f00;}
#container{margin:auto;width:960px;}
</style>
</head>
```

（3）行内样式：应用行内样式到各个网页元素上。

这种在标签内以 style 标记的样式为行内样式，行内样式只对标签内的元素有效，因为其没有和内容相分离，所以不建议使用。

行内样式的代码如下：

```
<p style="font-size:18px;">行内样式</p>
```

（4）导入样式：在一个样式表内应用另一个样式表的内容。

导入样式是以@import url 标记链接的外部样式表，它一般用于另一个样式表内部。例如，layout.css 文件为主页所用样式的样式表文件，那么可以先把全局都需要用的公共样式存储到 global.css 文件中，再在 layout.css 文件中以@import url("/css/global.css")的形式链接全局样式表文件，这样可以使代码具有很好的重用性。

 拓展与提高

CSS 优先级的规定如下所述。

（1）ID 选择器的优先级高于类选择器的优先级。

（2）后面的样式覆盖前面的样式。

（3）指定样式的优先级高于继承样式的优先级。

（4）行内样式的优先级高于内部样式或外部样式的优先级。

总结：单一样式（如 ID）的优先级高于共用样式（如 class）的优先级，当有指定的样式时应使用指定的样式，当无指定的样式时应继承离它最近的样式。

试一试

分析如图 4-14 所示的网页栏目设置情况，使用 Div+CSS 布局方式完成网页布局设计，注意 Div 标签的嵌套及类样式的使用。

图 4-14　案例网页效果

任务 2　制作导航栏

任务目标

（1）掌握水平导航按钮的简单制作方法。

（2）掌握超级链接的建立方法。

（3）学习超级链接的 4 种伪类样式。

任务描述

网站导航是网站内容架构的体现，网站导航是否合理是网站易用性评价和用户体验的重要指标之一。为了更好地提升用户体验，更好地对用户进行引导和消费转化，导航设计的科学性成为网站框架构成的重中之重。本任务介绍水平导航的制作，同时在导航的制作过程中介绍如何建立超级链接，并介绍当鼠标指针移动到超级链接上时样式改变的伪类设置。

任务分析

本任务使用超级链接制作文字导航，设置当鼠标指针移动到文字导航上时文字的颜色、大小和背景颜色改变的动态效果。

操作步骤

步骤 1：启动 Dreamweaver CS6，打开任务文件 **index4-1.html**，将其另存为 **index4-2.html** 文件。

步骤 2：制作水平导航。

（1）设置导航栏的背景图片。

① 删除 ID 为 nav 的 Div 标签中的默认内容，在弹出的"#nav 的 CSS 规则定义"对话框的"分类"列表框中选择"背景"选项，然后单击"Background-image"右侧的"浏览"按钮，如图 4-15 所示。

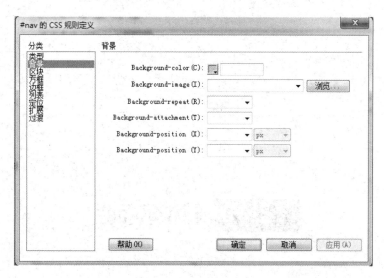

图 4-15　"#nav 的 CSS 规则定义"对话框

② 在弹出的"选择图像源文件"对话框中，选择文件夹 pic 中的图像文件 menubg.gif，然后单击"确定"按钮，如图 4-16 所示。

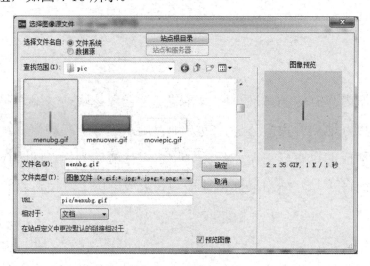

图 4-16　"选择图像源文件"对话框

③ 返回"#nav 的 CSS 规则定义"对话框，由于该图像非常窄，因此在"Background-repeat"下拉列表中选择"repeat-x"选项，即横向平铺，然后单击"确定"按钮，如图 4-17 所示。

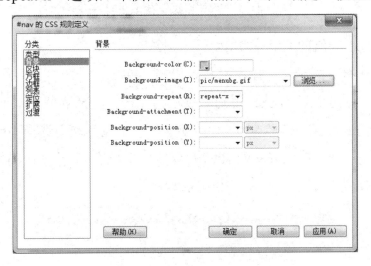

图 4-17　定义背景图片的平铺方式

提示 ●●●

#nav 的 CSS 样式代码如下：

```
#nav{height:35px;
background-image:url(pic/menubg.gif);
background-repeat:repeat-x;
}
```

（2）插入超级链接。

① 将光标移动到 ID 为 nav 的 Div 标签中，然后在"插入"面板中选择"超级链接"选项，将会弹出"超级链接"对话框，如图 4-18 所示。在"文本"文本框中输入"网站首页"，其他文本框为空，然后单击"确定"按钮。

图 4-18　"超级链接"对话框

② 使用同样的方法插入其他超级链接，它们的文本分别为"建站套餐"、"经典案例"、"服务流程"、"沪企动态"、"公司简介"、"客户反馈"和"联系我们"，效果如图 4-19 所示。

网站首页 建站套餐 经典案例 服务流程 沪企动态 公司简介 客户反馈 联系我们

图 4-19　插入超级链接后的效果

步骤 3：设置水平导航的 CSS 样式。

（1）新建超级链接 a 的包含选择器的 CSS 样式。单击"CSS 样式"面板右下角的"新建 CSS 规则"按钮，弹出"新建 CSS 规则"对话框，在"选择器类型"下拉列表中选择"复合内容（基于选择的内容）"选项，在"选择器名称"下拉列表中选择"#nav a"选项，表示该 CSS 样式仅应用于任何 ID 为 nav 的 HTML 元素中的所有<a>元素，而其他<a>元素则不受影响，然后单击"确定"按钮，如图 4-20 所示。

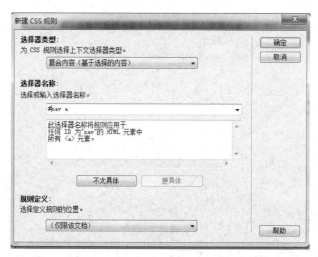

图 4-20　新建包含选择器的 CSS 样式

（2）在弹出的"#nav a 的 CSS 规则定义"对话框中，设置"#nav a"的属性。

① 设置文本的字体大小、颜色，去掉下画线，并设置行高。在"分类"列表框中选择"类型"选项，设置 Font-size 为 14px，勾选 Text-decoration 属性的"none"复选框，并设置 Line-height 为 35px，Color 为#FFF（即白色），如图 4-21 所示。

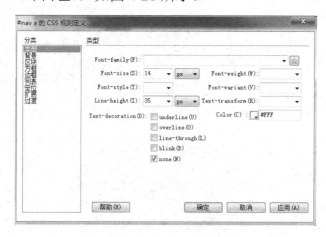

图 4-21　定义文字的效果

Font-size 属性用于设置文字的大小；Text-decoration 属性用于设置超级链接的文本样式，默认添加下画线，如果不想显示下画线，则需要勾选"none"复选框。

② 设置间隔符号。在每个导航的右侧增加一个边框。在"分类"列表框中选择"边框"选项，设置其参数，如图 4-22 所示。当仅设置右侧边框时，需要取消勾选"全部相同"复选框。

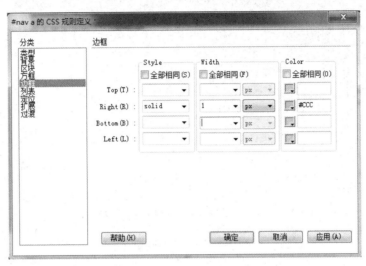

图 4-22　设置右侧边框

③ 增加导航间距。在"分类"列表框中选择"方框"选项，在"Padding"选项组中取消勾选"全部相同"复选框，设置其 Right 和 Left 都为 15px，如图 4-23 所示。

图 4-23　增加导航间距

④ 单击"确定"按钮，则设置#nav a 的 CSS 样式后导航栏的效果如图 4-24 所示。

网站首页　建站套餐　经典案例　服务流程　沪企动态　公司简介　客户反馈　联系我们

图 4-24　设置#nav a 的 CSS 样式后导航栏的效果

（3）设置导航内容在 ID 为 nav 的 Div 标签中水平居中。在弹出的"#nav 的 CSS 规则定义"对话框的"分类"列表框中选择"区块"选项，在"Text-align"下拉列表中选择"center"选项，如图 4-25 所示。

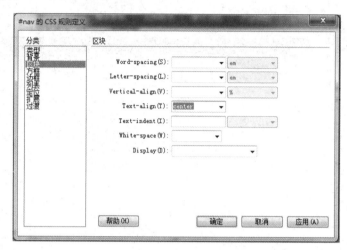

图 4-25　设置导航内容在 Div 标签中水平居中

步骤 4：设置导航栏超级链接在鼠标指针经过时的状态。

（1）新建超级链接 a 的伪类选择器的 CSS 样式。单击"CSS 样式"面板右下角的"新建 CSS 规则"按钮，弹出"新建 CSS 规则"对话框，在"选择器类型"下拉列表中选择"复合内容（基于选择的内容）"选项，在"选择器名称"下拉列表中选择"#nav a:hover"选项，表示仅当鼠标指针移动到任何 ID 为 nav 的 HTML 元素中的所有<a>元素上时应用该 CSS 样式，而其他时间<a>元素则不受影响，然后单击"确定"按钮，如图 4-26 所示。

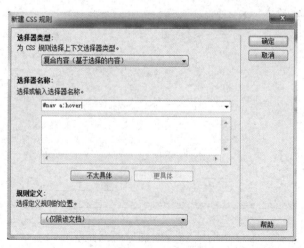

图 4-26　新建伪类选择器的 CSS 样式

（2）在弹出的"#nav a:hover 的 CSS 规则定义"对话框的"分类"列表框中选择"类型"
选项，设置 Font-size 为 16px，Font-weight 为 bold，如图 4-27 所示。

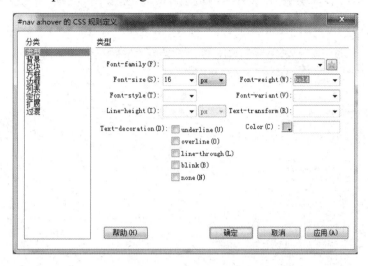

图 4-27　"#nav a:hover 的 CSS 规则定义"对话框

（3）单击"确定"按钮，则当鼠标指针经过时导航栏超级链接文本字体的变化效果如
图 4-28 所示。

图 4-28　当鼠标指针经过时导航栏超级链接文本字体的变化效果

知识链接

超级链接在本质上属于一个网页的一部分，它是一种允许一个网页同其他网页或站点之
间进行连接的元素。各个网页链接在一起后，才能真正构成一个网站。所谓的超级链接是指
从一个网页指向一个目标的连接关系，这个目标可以是另一个网页，也可以是相同网页中的
不同位置，还可以是一张图片、一个电子邮件地址、一个文件，甚至可以是一个应用程序。
而在一个网页中用于链接的对象，可以是一段文本或一张图片。当浏览者单击已经链接的文
字或图片后，链接目标将显示在浏览器上，并且根据目标的类型打开或运行。

除了使用选择"插入"→"超级链接"命令和在"插入"面板中选择"超级链接"选项
的方式插入超级链接，还可以选中已经插入的文本或图片，然后在"属性"面板中进行设定，
如图 4-29 所示。

图 4-29　"属性"面板

1．网站内容链接

单击"属性"面板中"链接"文本框右侧的文件夹按钮🗀，在弹出的"选择文件"对话框中，选择一个要链接的文件，然后单击"确定"按钮，如图4-30所示。

图4-30 "选择文件"对话框

2．网站外部链接

若想要使文本"网易"与网易网站的主页建立超级链接，则应直接在"属性"面板的"链接"文本框中输入网易网站的地址（如网址等），如图4-31所示。

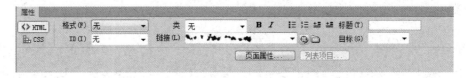

图4-31 设置网站外部链接

3．下载链接

单击"属性"面板中"链接"文本框右侧的文件夹按钮🗀，在弹出的"选择文件"对话框中，选择一个要链接的文件，该文件可以为压缩文件（其扩展名为.rar或.zip）或可执行文件（其扩展名为.exe或.com）等。

4．空链接

在"属性"面板中的"链接"文本框中输入#即可。

拓展与提高

超级链接涉及一个新的概念：伪类。CSS中超级链接样式的各属性的顺序不能颠倒，这个顺序非常重要。CSS 中关于超级链接的 4 种样式的正常顺序为 link、visited、hover、active，即：

```
a:link{color:#FF0000} /*超级链接未被访问时的链接样式 */
a:visited{color:#00FF00} /* 超级链接已经被访问过时的链接样式 */
a:hover{color:#FF00FF} /* 当鼠标指针移动到超级链接上时的链接样式 */
a:active {color: #0000FF} /* 当超级链接被选中时的链接样式 */
```

以上代码分别定义了超级链接未被访问时的链接样式、超级链接已经被访问过时的链接样式、当鼠标指针移动到超级链接上时的链接样式和当超级链接被选中时的链接样式。之所以称其为伪类，是因为它不是一个真实的类。正常的类是以点开始的，后边跟一个名称；而它则是以 a 开始的，后边跟一个冒号，再跟一个状态限定字符。例如，第三个样式 a:hover，只有当鼠标指针移动到该超级链接上时此样式才生效；而第四个样式 a:visited 则只对已经被访问过的超级链接生效。伪类使用户体验大大提高了。

试一试

参照本书素材中的"素材\项目 4\试一试\4-2\nav-1.html"和"素材\项目 4\试一试\4-2\nav-2.html"文件，分别制作水平导航栏和垂直导航栏。垂直导航栏的效果如图 4-32 所示。

图 4-32　垂直导航栏的效果

任务 3　制作丰富多彩的网页

任务目标

（1）掌握在网页中插入图像的方法。
（2）掌握在网页中插入多媒体对象的方法。

任务描述

无论是个人网站还是企业网站，图文并茂的设计都会使网页增色不少，通过图像美化后的网页也能吸引更多的浏览者。同样，表现形式精彩的多媒体作品，可以使人对其所表现的内容印象深刻。本任务将完成向网页中添加 LOGO 图像、将 Flash 形式的媒体对象插入网页中等操作。

 **任务分析**

本任务通过向网页中插入图像和多媒体对象来制作内容更加丰富多彩的网页。

操作步骤

步骤 1: 启动 Dreamweaver CS6，打开任务文件 index4-2.html，将其另存为 index 4-3.html 文件。

步骤 2: 插入 **LOGO** 图像。

（1）删除 ID 为 header 的 Div 标签中的内容，然后将光标移动到 ID 为 header 的 Div 标签内，使用以下方法之一可以弹出"选择图像源文件"对话框。

① 选择"插入"→"图像"命令。

② 在"插入"面板中选择"图像"选项。

（2）在弹出的"选择图像源文件"对话框中，选择要插入的图像文件 logo.gif，然后单击"确定"按钮，如图 4-33 所示。

图 4-33 "选择图像源文件"对话框

（3）在弹出的"图像标签辅助功能属性"对话框的"替换文本"文本框中输入说明性的文字"公司 logo"，然后单击"确定"按钮，如图 4-34 所示。

图 4-34　"图像标签辅助功能属性"对话框

（4）单击"确定"按钮，则插入 LOGO 图像后的效果如图 4-35 所示。

图 4-35　插入 LOGO 图像后的效果

步骤 3：插入 Flash 媒体对象。

（1）删除 ID 为 banner 的 Div 标签中默认的文本内容，然后将光标移动到 ID 为 banner 的 Div 标签内，使用以下方法之一可以弹出"选择 SWF"对话框。

① 选择"插入"→"媒体"→"SWF"命令，如图 4-36 所示。

② 单击"插入"面板中"媒体"左侧的下拉按钮，在弹出的下拉列表中选择"SWF"选项，如图 4-37 所示。

图 4-36　选择"SWF"命令　　　　　　图 4-37　"插入"面板

（2）在弹出的"选择 SWF"对话框中，选择文件夹 pic 中的 Flash 文件 top.swf，如图 4-38 所示，然后单击"确定"按钮。

图 4-38　"选择 SWF"对话框

（3）在弹出的"对象标签辅助功能属性"对话框的"标题"文本框中输入 banner，然后单击"确定"按钮，如图 4-39 所示。

图 4-39　"对象标签辅助功能属性"对话框

（4）保存文件 index4-3.html，然后按下 F12 键在浏览器中预览网页，预览效果如图 4-40 所示。

图 4-40　预览效果

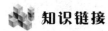 **知识链接**

在网页中插入多媒体对象：Dreamweaver CS6 使用户能够迅速、方便地为网页添加声音、

视频等多媒体内容，从而使网页更加生动。用户可以插入、编辑多媒体文件和对象，主要分为 Flash 类、Java Applets 类、ActiveX 类，以及各种音频、视频文件（如 Shockwave 影片、QuickTime 影片、RM 及 WMA 格式的文件等）。

在网页中插入视频对象的操作步骤如下所述。

（1）在编辑窗口中打开要插入视频的文档，将光标移动到文档中需要插入视频文件的位置。

（2）单击"插入"面板中"媒体"左侧的下拉按钮，在弹出的下拉列表中选择"FLV"选项，如图 4-41 所示。

（3）将会弹出"插入 FLV"对话框，如图 4-42 所示。在该对话框中需要设置以下内容。

① 单击"URL"文本框右侧的"浏览"按钮，在弹出的对话框中选择要插入的 FLV 视频文件。

② 在"外观"下拉列表中选择一种播放视频时视频下方控制器的外观样式。

③ 单击"检测大小"按钮，将自动填入该视频的宽度和高度。

④ 选择是否自动播放或自动重新播放。

图 4-41　选择"FLV"选项　　　　　　　　图 4-42　"插入 FLV"对话框

在设置完成后单击"确定"按钮。

（4）此时，网页文件中插入了<object>标签（多媒体对象）。如果想要修改设置，则可以单击"文档"窗口中的 FLV 按钮，然后在"属性"面板中根据需要进行设置，如图 4-43 所示。

图 4-43　设置 FLV 的属性

（5）保存文件，将文件名设置为 Untitled-1.html，然后浏览其效果，如图 4-44 所示。

图 4-44　浏览效果

提示 ●●●

　　网页上之所以能播放音乐、视频等多媒体文件，并不是依靠浏览器本身的功能，而是浏览器搭配了各种插件，大多数多媒体文件在播放时有相应的播放器，如 RealPlayer、FLV Player 等。

拓展与提高

　　在网页中添加背景音乐：制作与众不同、充满个性的网站，一直是网站制作者不懈努力的目标。除了尽量提高页面的视觉效果、互动功能，如果在打开网页的同时，能听到一首优美动人的音乐，也会使网站增色不少。

　　为网页添加背景音乐的方法一般有如下两种。

1. 使用<bgsound>标签

　　在 Dreamweaver CS6 中打开需要添加背景音乐的页面，切换到"代码"视图，在页面代码中的<head>与</head>标签之间加入<bgsound src="音乐 url"　loop="-1"/>代码。

　　其中，loop 属性的数值指定了音乐循环的次数，可以将其设置为任意正整数，若设置为 -1，则音乐将永远循环。

　　这种背景音乐是打开网页后直接播放的，在网页上不会显示。

2．使用<embed>标签

在 Dreamweaver CS6 中打开需要添加背景音乐的页面，切换到"代码"视图，在<body>与</body>标签之间输入<embed>标签，其最简形式如下：

```
<embed src="音乐url" autostart="true" loop="true" width="80" height= "20">
</embed>
```

以下是属性的具体说明。

（1）src：设置背景音乐的地址（即 URL）。

（2）autostart：设置音频文件在读取完毕后是否自动播放。若值设置为 true，则表示音频文件在读取完毕后自动播放；若值设置为 false，则表示音频文件在读取完毕后不自动播放；默认值为 false 。

（3）loop：设置音频文件是否循环播放及循环次数。若值设置为 true，则表示永远循环；若值设置为 false，则表示仅播放一次；若值设置为任意一个正整数 n，则表示循环 n 次。

（4）volume：设置音量，取值范围为 0～100，默认值为系统当前音量。

（5）starttime：设置音乐开始播放的时间，格式是"分:秒"，如 starttime="00:10"表示从第 10 秒开始播放。

（6）endtime：设置音乐结束播放的时间，具体格式与 starttime 属性值的格式相同。

（7）width：设置音乐播放控制面板的宽度。

（8）height：设置音乐播放控制面板的高度。

（9）controls：设置音乐播放控制面板的外观。该属性的可能取值有以下几种。

① console：表示通常面板。

② smallconsole：表示小型面板。

③ playbutton：表示是否显示播放按钮。

④ pausebutton：表示是否显示暂停按钮。

⑤ stopbutton：表示是否显示停止按钮。

⑥ volumelever：表示是否显示音量调节按钮。

试一试

新建网页文件，在页面中插入图像、视频对象和背景音乐，效果参照本书素材中的"素材\项目 4\试一试\4-3\shi4-3.html"文件。

任务4　使用 CSS 美化网页

任务目标

（1）完善网页内容。

（2）类 CSS 的使用方法。

（3）掌握使用 CSS 美化网页的方法。

任务描述

先分别在 ID 为 content 的 Div 标签（内容板块）和 ID 为 footer 的 Div 标签（页脚板块）中输入内容，再使用 CSS 样式美化网页中的字体、背景和板块边框等。

任务分析

有着丰富内容的网页通常会受浏览者的欢迎，因此，一个内容充实的网站肯定会更受浏览者的青睐。在将网页内容充实完善后，使用 CSS 样式对文字进行美化，使网页更美观。

操作步骤

步骤 1：启动 Dreamweaver CS6，打开任务文件 index4-3.html，将其另存为 index 4-4.html 文件。

步骤 2：输入网页文本内容。

（1）参考以下内容，在网页的 ID 为 content 的 Div 标签中输入网页内容，如图 4-45 所示。

图 4-45　ID 为 content 的 Div 标签中的内容

（2）参考以下内容，在网页的 ID 为 footer 的 Div 标签中输入页脚内容，如图 4-46 所示。

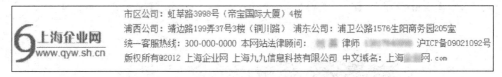

图 4-46　ID 为 footer 的 Div 标签中的内容

步骤 **3**：设置背景图片。

（1）设置 ID 为 header 的 Div 标签的背景图片。

① 双击"CSS 样式"面板中的"#header"样式，会弹出"#header 的 CSS 规则定义"对话框，如图 4-47 所示。在"分类"列表框中选择"背景"选项，然后单击"Background-image"右侧的"浏览"按钮。

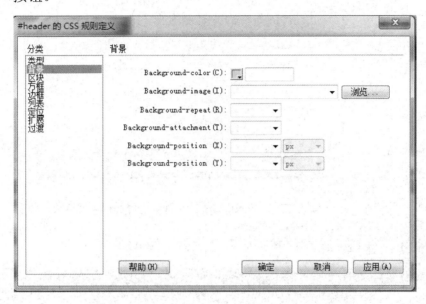

图 4-47　"#header 的 CSS 规则定义"对话框

② 在弹出的"选择图像源文件"对话框中，选择文件夹 pic 中的图像文件 topbg.gif，然后单击"确定"按钮，如图 4-48 所示。

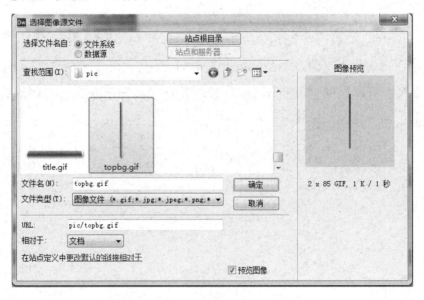

图 4-48　"选择图像源文件"对话框

③ 返回"#header 的 CSS 规则定义"对话框。因为图像文件 topbg.gif 的宽度只有 2px，

所以如果想要使整个 ID 为 header 的 Div 标签都设置背景，就必须将 Background-repeat 设置为 repeat-x，如图 4-49 所示。

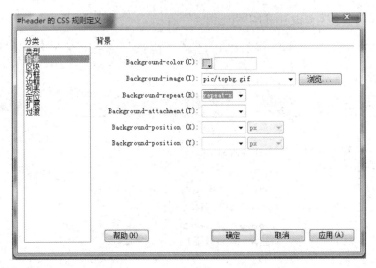

图 4-49　设置 ID 为 header 的 Div 标签的背景属性参数

④ 单击"确定"按钮，设置背景图片后的效果如图 4-50 所示。

图 4-50　设置背景图片后的效果

（2）设置网页的背景图片。

① 使用相同的方法设置整个网页的背景图片。双击"CSS 样式"面板中的"body"样式，会弹出"body 的 CSS 规则定义"对话框，如图 4-51 所示。在"分类"列表框中选择"背景"选项，然后选择背景图片为图像文件 pic/bg.jpg，并将 Background-repeat 设置为 repeat-x，将 Background-color 设置为#DEEBF3。

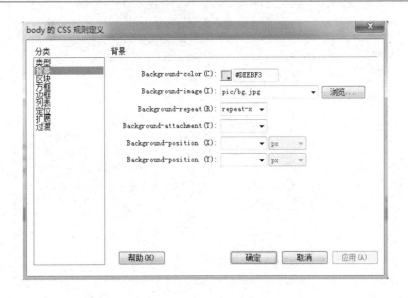

图 4-51　"body 的 CSS 规则定义"对话框

（3）设置 ID 为 container 的 Div 标签的背景颜色为白色。

（4）设置类样式"content1"的背景图片及间距。

① 双击"CSS 样式"面板中的"#content .content1"样式，会弹出"#content .content1 的 CSS 规则定义"对话框，如图 4-52 所示。在"分类"列表框中选择"背景"选项，然后选择背景图片为图像文件 pic/jztc.gif，并将 Background-repeat 设置为 repeat-x。

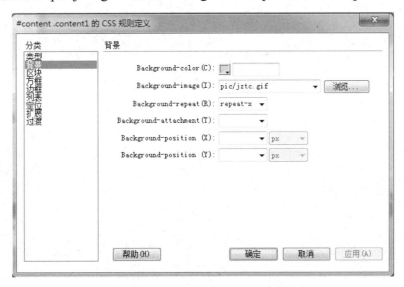

图 4-52　设置背景属性参数

② 在"分类"列表框中选择"方框"选项，设置 Width 为 650px、Height 为 181px，设置"Margin"选项组中各选项的值都为 5px，在"Padding"选项组中设置 Top 为 10px、Right 为 30px、Left 为 30px，如图 4-53 所示，然后单击"确定"按钮。

图 4-53　设置方框属性参数

提示

Margin 为外边距，Padding 为内容与边框之间的填充间距。

步骤 4：设置边框。

（1）设置 ID 为 side 的 Div 标签的边框。

① 双击"CSS 样式"面板中的"#side"样式，会弹出"#side 的 CSS 规则定义"对话框，如图 4-54 所示。在"分类"列表中选择"方框"选项，设置 Height 为 580px、Width 为 205px，并在"Margin"选项组中设置 Top 为 10px、Left 为 720px。

图 4-54　"#side 的 CSS 规则定义"对话框

② 在"分类"列表框中选择"边框"选项，设置边框的类型、粗细和颜色，如图 4-55 所示，然后单击"确定"按钮。

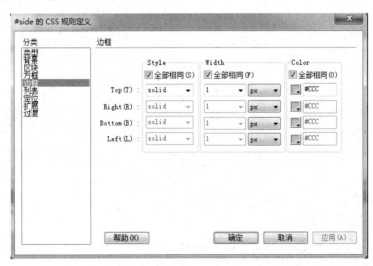

图 4-55　设置边框的类型、粗细和颜色

（2）设置 ID 为 footer 的 Div 标签的边框。

① 双击"CSS 样式"面板中的"#footer"样式，会弹出"#footer 的 CSS 规则定义"对话框，如图 4-56 所示。在"分类"列表框中选择"方框"选项，设置 Height 为 110px，"Margin"选项组中各选项的值均为 10px。

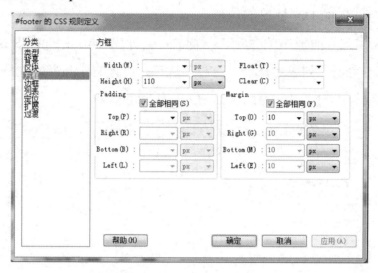

图 4-56   "#footer 的 CSS 规则定义"对话框

② 在"分类"列表框中选择"边框"选项，设置边框的类型、粗细和颜色。因为这里只需要上边框，所以取消勾选"全部相同"复选框，如图 4-57 所示，然后单击"确定"按钮。

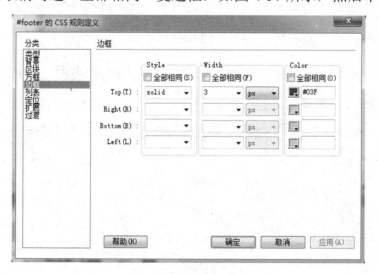

图 4-57   参数设置

步骤 5：设置文本的 CSS 样式。

（1）设置整个页面的文本字体的大小、颜色。

① 双击"CSS 样式"面板中的"#container"样式，会弹出"#container 的 CSS 规则定义"对话框，如图 4-58 所示。在"分类"列表框中选择"类型"选项，设置字体大小（Font-size）

为 12px，字体颜色（Color）为#333（即灰色），然后单击"确定"按钮。

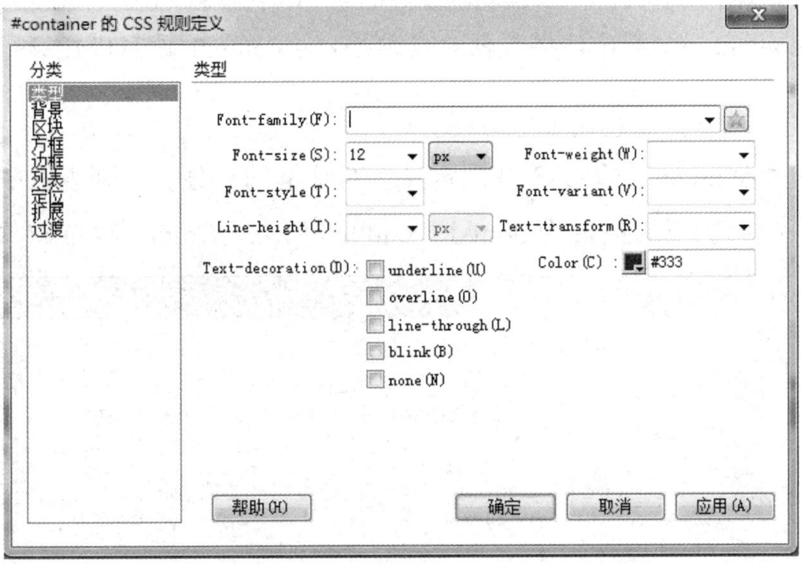

图 4-58　"#container 的 CSS 规则定义"对话框

② 文本效果如图 4-59 所示。

（2）设置段落<p>格式。

① 给 ID 为 content 的 Div 标签中的每行加虚点下画线。单击"CSS 样式"面板右下角的"新建 CSS 规则"按钮，会弹出"新建 CSS 规则"对话框，在"选择器类型"下拉列表中选择"复合内容（基于选择的内容）"选项，在"选择器名称"下拉列表中选择"#content p"选项，然后单击"确定"按钮，如图 4-60 所示。

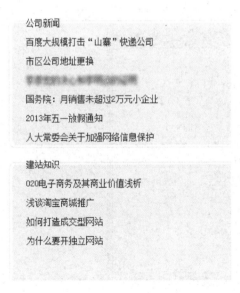

图 4-59　文本效果

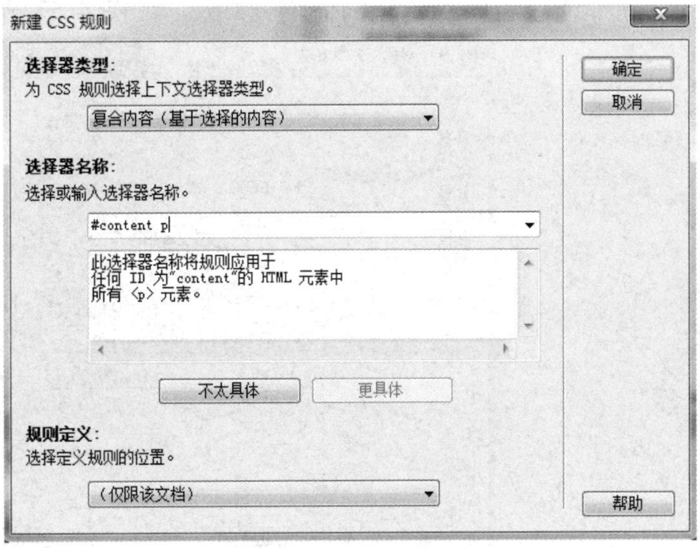

图 4-60　新建标签样式

提示

CSS 样式"#content p"表示该样式仅对任何 ID 为 content 的 HTML 元素中的所有<p>元素有影响。

---

② 在弹出的"#content p 的 CSS 规则定义"对话框的"分类"列表框中选择"边框"选项，设置 Bottom（底边）的 Style 为 dotted、Width 为 1px、Color 为#333，如图 4-61 所示。

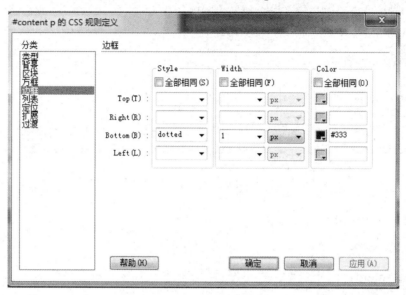

图 4-61 "#content p 的 CSS 规则定义"对话框

③ 在"分类"列表框中选择"方框"选项，设置 Height 为 20px，"Padding"选项组和"Margin"选项组中各选项的值均为 0px，如图 4-62 所示，然后单击"确定"按钮。

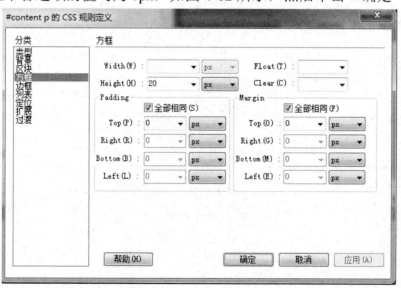

图 4-62 设置边框属性参数

④ 段落效果如图 4-63 所示。

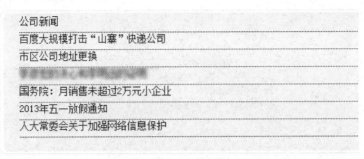

图 4-63　段落效果

（3）设置标题样式。

① 双击"CSS 样式"面板中的".con_title"样式，会弹出".con_title 的 CSS 规则定义"对话框，如图 4-64 所示。在"分类"列表框中选择"类型"选项，设置字体颜色（Color）为 #F60（即橘色），字体大小（Font-size）为 16px，字体宽度（Font-weight）为 bold，然后单击"确定"按钮。

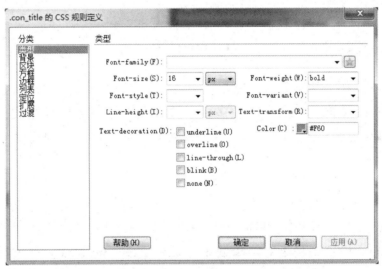

图 4-64　".con_title 的 CSS 规则定义"对话框

② 将类样式应用于标题文本。选中标题文本，如"公司新闻"，然后在"属性"面板的"类"下拉列表中选择"con_title"选项，如图 4-65 所示。

图 4-65　"属性"面板

③ 最终的文本效果如图 4-66 所示。

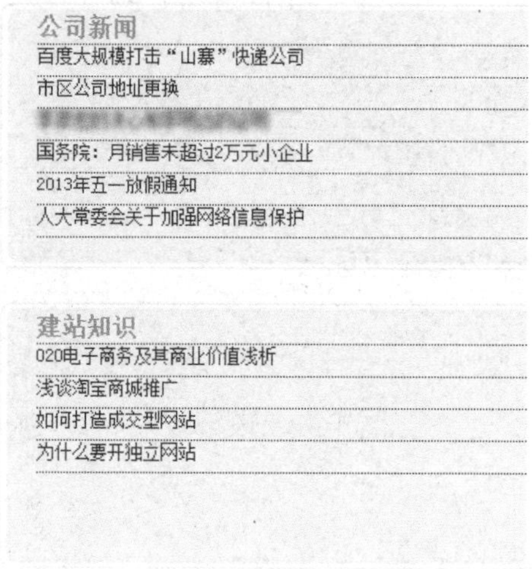

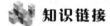

图 4-66　最终的文本效果

知识链接

1．CSS 控制文字属性

（1）font-size：设置字号。

（2）color：设置字体颜色。

（3）font-family：设置字体（可以有多种字体，两个字体之间使用逗号（,）隔开，表示如果系统中有第一个字体，则显示第一个字体的效果；如果没有，则显示第二个字体的效果，以此类推）。

（4）line-height：设置行与行之间的距离（单位可以为 px、em、%）。

（5）font-weight：设置字体的粗细（bold 表示粗体，normal 表示正常）。

（6）font-variant：设置小型大写字母的字体显示文本（normal 表示正常，small-caps 表示小型大写字母的字体）。

（7）font-style：设置字体样式（normal 表示正常，italic、oblique 表示斜体）。

（8）text-decoration：修饰文字（none 表示正常，underline 表示下画线，overline 表示上画线，line-through 表示删除线，blink 表示闪烁）。

（9）letter-spacing：设置字符间距（normal 表示默认，length 为长度单位）。

（10）word-spacing：设置单词间距（normal 表示默认，length 为长度单位）。

Font 属性的简化写法：是否斜体　是否同宽　是否粗体　大小　字体。

2．CSS 控制文本属性

（1）text-indent：设置文本缩进（length 为长度单位，可以为负值）。

（2）text-align：设置文本水平对齐方式（left 表示左对齐，center 表示居中对齐，right 表示右对齐。

（3）white-space：设置空白处理（nowrap 表示强制在一行中显示，pre 表示换行和空格保留，normal 表示自动换行）。

（4）text-transform：设置大小写控制（capitalize 表示每个单词的第一个字母大写，uppercase 表示所有字母大写，lowercase 表示所有字母都小写，none 表示正常大小）。

（5）vertical-align：设置文本垂直对齐方式（sub 表示设置文本为下标，super 表示设置文本为上标，top 表示与顶端对齐，text-bottom 表示与底端对齐）。

试一试

参考如图 4-1 所示的网页规划的效果，在完成的 index4-4.html 文件的基础上，完善右边栏 ID 为 side 的 Div 标签中的内容，使用 CSS 的类样式，设置右边栏及页脚的文本样式。效果参照本书素材中的"素材\项目 4\试一试\4-4\shi4-4.html"文件。

总结与回顾

本项目通过 4 个任务来介绍制作网页的操作步骤及美化网页的方法和技巧。

（1）使用 Div+CSS 布局方式布局网页。

（2）网站中的网页通过导航栏连接起来，除了导航栏的外观格式，还需要重视导航栏的超级链接的样式，包括超级链接未被访问时的链接样式、超级链接已经被访问过时的链接样式、当鼠标指针移动到超级链接上时的链接样式和当超级链接被选中时的链接样式。

（3）在网页中插入适当的图像和多媒体对象，可以丰富网页的表现形式，增强吸引力。

（4）通过 CSS 对页面的背景颜色、背景图片、字体大小、颜色和边框等效果进行精确控制，从而制作出漂亮、美观的网页。

实训　制作网页

任务描述

制作网页，设计效果如图 4-67 所示。素材及网页文件见本书素材中的"素材\项目 4\实训"文件夹。

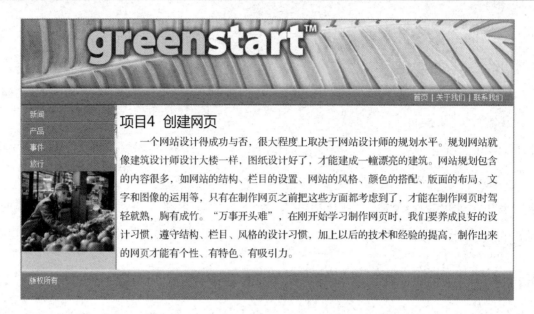

图 4-67　网页制作实训效果

任务分析

应用已经学过的 Div+CSS 布局方式布局网页，插入图像和视频对象，设计垂直导航栏和水平导航栏，并使用 CSS 美化网页。

习题 4

1. 选择题

（1）在 CSS 中，类样式名称前的标记符号是（　　）。

  A. #　　　　　　　　　　　　　B. .

  C. :　　　　　　　　　　　　　D. ;

（2）当在 CSS 中设置背景图片水平方向平铺时，Background-repeat 的值应设置为（　　）。

  A. no-repeat　　　　　　　　　B. repeat

  C. repeat-x　　　　　　　　　　D. repeat-y

（3）当鼠标指针移动到超级链接上时样式发生变化，需要设置（　　）超级链接伪类。

  A. link　　　　　　　　　　　　B. visited

  C. hover　　　　　　　　　　　D. active

（4）想要在网页中插入 Flash 对象，应选择的"媒体"选项是（　　）。

  A. SWF　　　　　　　　　　　B. FLV

  C. Shockwave　　　　　　　　D. ActiveX

（5）为了实现网页中字体的加粗显示，需要设置的字体属性是（　　　）。

A．Font-size
B．Font-weight

C．Font-style
D．Font-family

2．填空题

（1）把 CSS 样式单独写到一个 CSS 文件内，然后在源代码的<head>标签内以 link 方式链接，这种形式称为外部样式，链接外部样式表文件 main.css 的代码是_____。

（2）CSS 样式文件中有样式"#content a{color:red;}"，该样式的影响范围是_____。

（3）当将文本或图片设置成空链接时，需要在"属性"面板的"链接"文本框中输入_____。

（4）水平方向文本默认为左对齐，如果想要设置为水平方向居中对齐，则 CSS 样式文件中的代码为_____。

3．简答题

（1）CSS 样式在网页中使用的方式有哪几种？

（2）超级链接的常用目标有哪些？如何设置？

使用行为添加导航特效

对网页开发者而言，不用编写程序代码就能够制作出具有交互能力的网页是网页开发者一直以来追求的目标之一。为了帮助网页开发者更加方便地构建页面中的交互行为，Dreamweaver CS6 提供了行为机制。行为是 Dreamweaver 中一个很重要的概念，它集成在 Dreamweaver 软件中，可以用来自动实现网页的动态效果和交互的 JavaScript 脚本程序。行为使网页开发者不必去学习复杂的 JavaScript 程序，也不需要书写复杂的代码就可以实现丰富的动态网页效果，实现用户与页面的交互。

本项目主要通过各任务的完成过程来讲解行为的概念、行为的创建及应用等。

项目目标

（1）了解 Dreamweaver CS6 中行为的概念。

（2）了解 Dreamweaver CS6 中行为的创建及应用。

（3）掌握使用行为创建按钮、窗口和菜单等导航特效的方法。

项目描述

本项目将通过 3 个任务来说明如何利用 Dreamweaver CS6 中的行为来制作导航的按钮特效、打开浏览器窗口及跳转菜单等。

任务 1 使用 Spry 特效制作按钮特效

任务目标

（1）了解 Dreamweaver CS6 中行为的概念。

（2）了解 Dreamweaver CS6 中的"行为"面板。

（3）了解 Dreamweaver CS6 中的内置行为。

（4）理解 Spry 特效的种类。

（5）掌握使用 Spry 特效制作按钮特效的方法。

任务描述

Spry 特效几乎可以应用到 HTML 页面中的任何元素上，使用这些特效可以实现网页元素的放大/缩小、发光、淡化和高光等。Spry 特效的种类主要包括"增大/收缩"、"挤压"、"显示/渐隐"、"晃动"、"滑动"、"遮帘"和"高亮颜色"等，如图 5-1 所示。本任务主要通过讲解使用 Spry 特效制作导航的按钮特效的过程，来介绍行为的概念及"行为"面板的使用方法。

图 5-1　Spry 特效的种类

任务分析

本任务主要通过讲解使用 Spry 特效制作按钮特效的过程，来了解行为的概念，熟悉"行为"面板的操作，掌握设置"高亮颜色"特效的操作方法。

操作步骤

步骤 1：打开素材网页文件，选中需要应用行为的对象。

选中"网络推广"超级链接，如图 5-2 所示。

图 5-2　选中行为对象

步骤 2：设置"高亮颜色"。

（1）选择"窗口"→"行为"命令，如图 5-3 所示，打开"行为"面板。

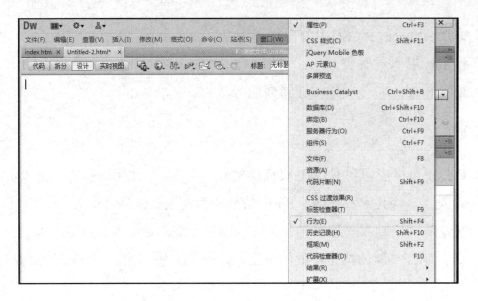

图 5-3　选择"行为"命令

（2）选中已经创建的"登录"按钮，然后单击"行为"面板中的"添加行为"按钮，在弹出的下拉菜单中选择"效果"→"高亮颜色"命令，如图 5-4 所示。

图 5-4　添加行为

（3）在弹出的"高亮颜色"对话框中输入需要的信息，在设置完毕后单击"确定"按钮，如图 5-5 所示。

① 目标元素：需要产生特效的对象。

② 效果持续时间：需要产生特效的持续时间，单位为毫秒。

③ 起始颜色：特效起始的颜色。

④ 结束颜色：特效结束的颜色。

⑤ 应用效果后的颜色：特效完成后的颜色。

⑥ 切换效果：选中对象后将切换效果。

（4）在事件下拉列表中选择"onMouseOver"选项，即当鼠标指针在选中元素上面时触发该事件，如图 5-6 所示。

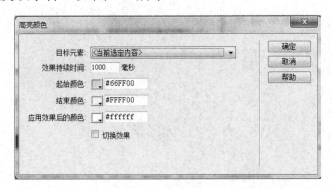

图 5-5　"高亮颜色"对话框　　　　图 5-6　选择"onMouseOver"选项

步骤 3： 在浏览器上进行验证操作。

（1）单击 按钮或按下 F12 键，在浏览器中预览网页，如图 5-7 所示。

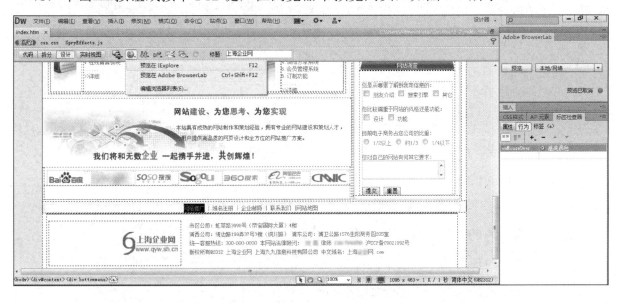

图 5-7　在浏览器中预览网页

（2）当将鼠标指针移动到"网络推广"超级链接上方时即显示高亮颜色，设置前后的对比如图 5-8 所示。

　　网络推广｜域名注册｜企业邮局｜联系我们｜网站地图　　　　　网络推广｜域名注册｜企业邮局｜联系我们｜网站地图

（a）设置前　　　　　　　　　　　　　　　　（b）设置后

图 5-8　设置"高亮颜色"前后的对比

步骤 4：使用相同的方法分别为"域名注册"、"企业邮局"、"联系我们"和"网站地图"等超级链接设置"高亮颜色"特效。

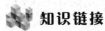 **知识链接**

行为是事件及事件所触发的动作的集合。行为通过这些动作来实现用户与页面的交互。行为包含 3 个重要的组成部分：对象、事件与动作。

1．对象

对象是发生行为的主体，包括图片、文字、多媒体文件，乃至整个网络。

2．事件

事件是触发动态效果的条件，是网页浏览者针对对象所做的动作。

3．动作

动作是 Dreamweaver CS6 中内置的、可执行的 JavaScript 代码，是网页最终产生的动态效果。

 拓展与提高

Spry 特效的简介如下所述。
- 增大/收缩：该行为使对象产生伸展或收缩的效果。
- 挤压：该行为使对象产生不同事件下触发的挤压效果。
- 显示/渐隐：该行为使对象产生逐渐显示或隐藏的效果。
- 晃动：该行为使对象产生不同事件下触发的晃动效果。
- 滑动：该行为使对象产生不同事件下触发的向上滑动或向下滑动的效果。
- 遮帘：该行为使对象产生向上或向下的百叶窗效果。
- 高亮颜色：该行为使对象产生不同事件下触发不同颜色的高亮效果。

试一试

参照本书素材中的"素材\项目 5\示例\01"文件夹中的素材，新建网页文件，尝试应用"增大/收缩"、"挤压"、"显示/渐隐"、"晃动"、"滑动"、"遮帘"和"高亮颜色"等行为来体会 Spry 特效。

任务 2　制作打开浏览器窗口

任务目标

（1）掌握 Dreamweaver CS6 中"行为"面板的操作。

（2）能灵活使用不同的内置行为。

（3）掌握制作打开浏览器窗口的操作方法。

任务描述

网页文件中常用的 JavaScript 源代码是调节浏览器窗口的代码，它可以按照要求打开新窗口或编辑浏览器窗口的名称、大小、菜单栏和状态栏等属性。使用"打开浏览器窗口"行为可以打开一个新的浏览器窗口，显示指定的网页文件，同时可以指定新窗口的相关属性。通过本任务，读者可以熟悉 Dreamweaver CS6 中的"行为"面板及常用的内置行为。

任务分析

利用"打开浏览器窗口"行为在页面中制作打开窗口。此行为常常用于网页浏览者单击缩略图时，在一个单独窗口中打开一幅较大的图像；或者浏览页面时，打开新的窗口显示特定内容，如打开广告小窗口等。

操作步骤

步骤 1：应用"打开浏览器窗口"行为。

（1）单击"设计"视图左下角的<body>标签，选择"窗口"→"行为"命令，打开"行为"面板，然后单击"添加行为"按钮 ＋，在弹出的下拉菜单中选择"打开浏览器窗口"命令，如图 5-9 所示。

（2）在弹出的"打开浏览器窗口"对话框中，单击"要显示的 URL"文本框右侧的"浏览"按钮，如图 5-10 所示。

（3）在弹出的"选择文件"对话框中，选择需要的网页文件，然后单击"确定"按钮，如图 5-11 所示。

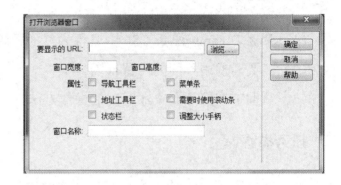

图 5-9　选择"打开浏览器窗口"命令　　　　图 5-10　"打开浏览器窗口"对话框

图 5-11　"选择文件"对话框

（4）设置新打开的"打开浏览器窗口"对话框中的其他属性，在按照需要配置完成后，单击"确定"按钮，如图 5-12 所示。

其中各属性的说明如下。

① 要显示的 URL：输入超级链接的文件名或网络地址。

② 窗口高度：指定窗口的高度，单位为 px（即像素）。

③ 窗口宽度：指定窗口的宽度，单位为 px（即像素）。

④ 属性：勾选需要显示的属性前面的复选框。

⑤ 窗口名称：指定新窗口的名称。

（5）在右侧的"行为"面板中，会显示选择事件"onLoad"和"打开浏览器窗口"，如图 5-13 所示。

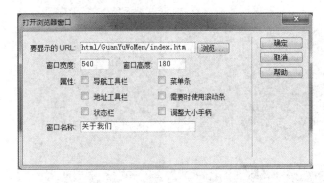

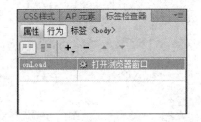

图 5-12 设置其他属性参数 　　　　　　　图 5-13 配置完成后的"行为"面板

步骤 2：在浏览器上进行验证操作。

（1）单击 按钮或按下 F12 键，在浏览器中预览网页，如图 5-14 所示。

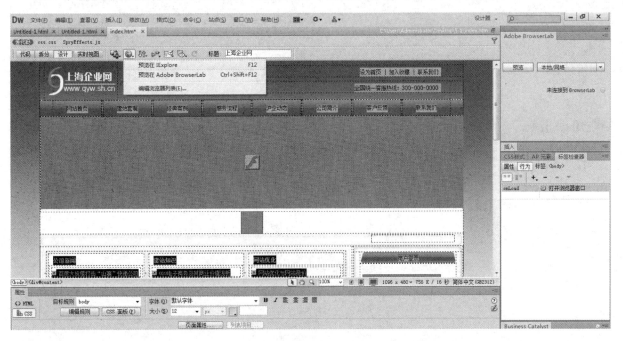

图 5-14 在浏览器中预览网页

（2）在新打开的窗口中，显示"关于我们"的页面信息，如图 5-15 所示。

注意

当前很多网站在打开时都会有弹窗的情况，内容多为广告或推荐链接，而不少浏览器软件可以通过设置来阻挡这种弹出式窗口，所以在使用此行为时一定要谨慎，因为窗口很有可能被屏蔽。

图 5-15　显示的页面

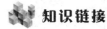知识链接

1．内置行为

内置行为实际上就是为网页添加了一些基本的 JavaScript 代码，方便网页设计师的操作，使网页呈现动态的效果。Dreamweaver CS6 中的内置行为如图 5-16 所示。

图 5-16　Dreamweaver CS6 中的内置行为

2．JavaScript 事件类型

事件通常用于指定行为动作在何种情况下发生，是浏览器响应用户操作的机制，JavaScript 的事件处理功能可以改变浏览器响应这些操作的方式，这样将使网页操作更具交互性。Dreamweaver CS6 提供的常用的 JavaScript 事件如图 5-17 所示。

图 5-17　Dreamweaver CS6 提供的常用的 JavaScript 事件

常用的 JavaScript 事件及其作用如表 5-1 所示。

表 5-1　常用的 JavaScript 事件及其作用

事 件 名 称	作　　用
onBlur	当鼠标指针移动到窗口或框架外侧处于非激活状态时触发的事件
onClick	当使用鼠标单击选中要素时触发的事件
onDblClick	当使用鼠标双击选中要素时触发的事件
onError	当在加载网页文件过程中发生错误时触发的事件
onFocus	当鼠标指针移动到窗口或框架中处于激活状态时触发的事件
onKeyDown	当键盘上某个键被按下时触发的事件
onKeyPress	当键盘上按下的某个键被释放时触发的事件
onKeyUp	当释放按下的键盘中的指定键时触发的事件
onLoad	当选中的对象出现在浏览器上时触发的事件
onMouseDown	当按下鼠标左键时触发的事件
onMouseMove	当鼠标指针经过选中要素上面时触发的事件
onMouseOut	当鼠标指针离开选中要素上面时触发的事件
onMouseOver	当鼠标指针在选中要素上面时触发的事件
onMouseUp	当释放按住的鼠标左键时触发的事件
onUnLoad	当网页浏览者退出网页文件时触发的事件

拓展与提高

"调用 JavaScript"行为允许用户使用"行为"面板指定当发生某个事件时应该执行的自定义函数或 JavaScript 代码。弹出"调用 JavaScript"对话框的操作步骤如下：选择"窗口"→"行为"命令，打开"行为"面板，然后单击"添加行为"按钮 +，在弹出的下拉菜单中选择"调用 JavaScript"命令，即可弹出"调用 JavaScript"对话框，如图 5-18 所示。

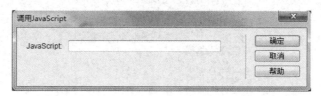

图 5-18 "调用 JavaScript"对话框

在"JavaScript"文本框中输入需要执行的 JavaScript 代码或函数的名称即可。

 试一试

参照本书素材中的"素材\项目 5\示例\02"文件夹中的素材，新建两个网页文件"我的首页"和"我的弹出页面"，然后使用"行为"面板中的"打开浏览器窗口"行为制作打开窗口。

任务 3 制作跳转菜单

任务目标

（1）熟悉 JavaScript 事件的意义与使用方法。
（2）学会使用行为制作跳转菜单的方法。

任务描述

跳转菜单是指网页文件中的弹出式菜单，它不仅对网页浏览者是可见的，还能够显示连接到的文档。它不仅可以创建到整个 Web 站点内文档的超级链接、到其他 Web 站点内文档的超级链接、电子邮件超级链接、图形的超级链接等，还可以创建到可以在浏览器中打开的任何文件类型的超级链接。在网页导航的设计与制作中，经常会用到跳转菜单。

任务分析

使用行为可以控制表单元素，如常用的跳转菜单、表单验证等。Dreamweaver CS6 为用户提供了制作跳转菜单的操作方法。

操作步骤

步骤1：在表单中创建跳转菜单。

（1）在"行为"面板中，如果准备制作跳转菜单，则需要先在表单中创建一个跳转菜单，才可以使用行为。选择"插入"→"表单"→"跳转菜单"命令，创建跳转菜单，如图5-19所示。

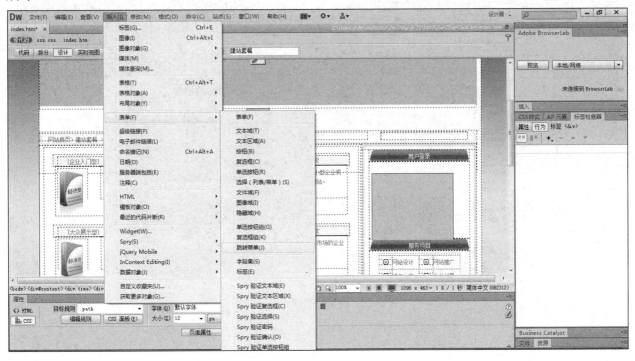

图5-19　创建跳转菜单

（2）在弹出的"插入跳转菜单"对话框中依次输入"建站套餐"的内容，单击⊞按钮即可添加菜单项，在添加完成后单击"确定"按钮，此时跳转菜单创建完成，如图5-20和图5-21所示。

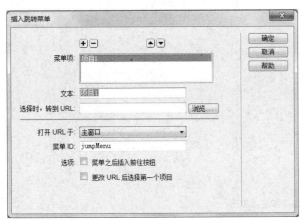

图5-20　"插入跳转菜单"对话框　　　　图5-21　配置完成后的"插入跳转菜单"对话框

步骤 2：为跳转菜单添加行为。

（1）选择已经创建完成的跳转菜单，然后选择"窗口"→"行为"命令，如图 5-22 所示，打开"行为"面板。

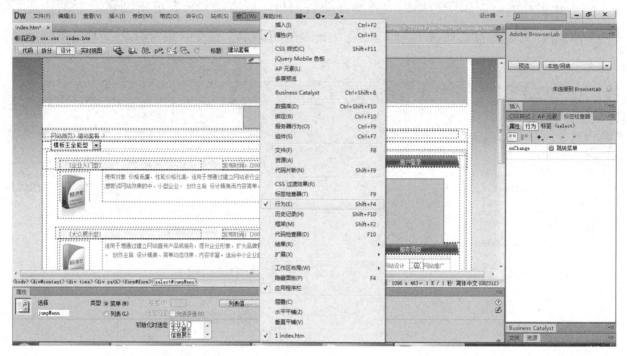

图 5-22　选择"行为"命令

（2）单击"行为"面板中的"添加行为"按钮，在弹出的下拉菜单中选择"跳转菜单"命令，如图 5-23 所示。

图 5-23　选择"跳转菜单"命令

（3）在弹出的"跳转菜单"对话框的"菜单项"列表框中选择"企业入门"选项，然后单击"浏览"按钮，在弹出的"选择文件"对话框中，为其添加所需链接，在配置完成后单击"确定"按钮，如图5-24和图5-25所示。

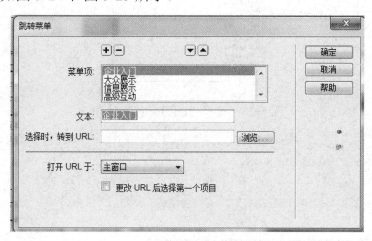

图 5-24 "跳转菜单"对话框

图 5-25 "选择文件"对话框

使用相同的方法分别为"大众展示"、"信息展示"、"高级互动"、"电子商务"和"模板王全能型"等菜单项添加指定的超级链接。

（4）在事件下拉列表中选择"onChange"选项，即事件会在域的内容改变时触发，如图5-26所示。

步骤3：在浏览器上进行验证操作。

（1）单击 按钮或按下 F12 键，在浏览器中预览网页，如图5-27所示。

图 5-26　选择"onChange"选项

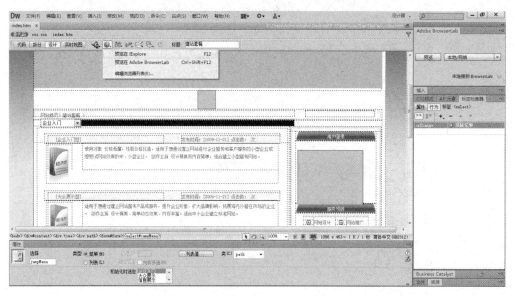

图 5-27　在浏览器中预览网页

（2）选择跳转菜单中的"企业入门"菜单项，则页面将跳转到指定的页面，如图 5-28 和图 5-29 所示。

图 5-28　选择跳转菜单项

图 5-29　跳转到指定的页面

知识链接

"跳转菜单"与"跳转菜单开始"行为之间的关系密切,"跳转菜单开始"行为允许网页浏览者将一个按钮和一个跳转菜单关联起来,当单击按钮时,可以打开在该跳转菜单中选中的超级链接。在通常情况下,跳转菜单不需要这样的按钮,从跳转菜单中选择一项即可载入指定的超级链接。

需要注意的是,如果网页浏览者选择了已经在跳转菜单中选择的同一项,则不会发生跳转。此外,如果跳转菜单出现在一个框架中,而跳转菜单项链接到了其他框架中的网页,则通常需要使用这种执行按钮,以允许网页浏览者重新选择已经在跳转菜单中选择的选项。

试一试

参照本书素材中的"素材\项目 5\示例\03"文件夹中的素材,新建网页文件,制作跳转菜单。

总结与回顾

本项目介绍了 Dreamweaver CS6 中行为的相关知识,以及如何使用"行为"面板为网页导航增加特效。通过学习本项目中的内容,读者能够更好地掌握行为的使用方法,从而美化网页，提高网页的交互性。但是过多的特效往往会使网页变得混乱，所以，对于导航特效的使用要有目的性，使之发挥作用。

实训　制作打开窗口

任务描述

为网页制作打开窗口。

任务分析

参照本书素材中的"素材\项目5\实训"文件夹中的素材，在页面中添加如下操作：在单击产品图片后打开新窗口、跳转菜单和 Spry 特效等。

习题 5

1. 选择题

（1）下列选项中与网页载入相关的 JavaScript 事件是（　　）。

    A. onMouseOver　　　　　　　B. onChange

    C. onLoad　　　　　　　　　　D. onClick

（2）在 Dreamweaver CS6 中，按下（　　）键可以打开主浏览器预览网页。

    A. F1　　　　　　　　　　　　B. F3

    C. Home　　　　　　　　　　　D. F12

（3）以下选项中不属于 Spry 特效的是（　　）。

    A. 晃动　　　　　　　　　　　B. 滑动

    C. 挤压　　　　　　　　　　　D. 遮罩

（4）onClick 事件的作用是（　　）。

    A. 当使用鼠标单击选中要素时触发的事件

    B. 当使用鼠标双击选中要素时触发的事件

    C. 当键盘上的某个键被按下时触发的事件

    D. 当鼠标指针移动到窗口或框架外侧处于非激活状态时触发的事件

（5）在 Dreamweaver CS6 中，下面可以实现网上交互游戏的动态 HTML 技术是（　　）。

　　A．晃动　　　　　B．滑动　　　　　C．挤压　　　　　D．遮罩

2．填空题

（1）Dreamweaver CS6 中的行为是一种运行在浏览器中的_____。

（2）行为是由_____和触发该事件的_____组成的。

（3）打开"行为"面板的组合键是_____。

（4）若想要使鼠标指针在选中要素上面时发生该事件，则应该选择的 JavaScript 事件为_____。

3．简答题

（1）什么是行为？"行为"面板提供的功能有哪些？

（2）常用的 JavaScript 事件有哪些？请分别列举事件名称及其作用。

创 建 表 单

人们在浏览网页时常常会进行一些个人信息或其他信息的填写，如在申请淘宝账号时需要填写个人信息、在进行网上购物时需要填写购物单等。网络问卷调查是在互联网上发展起来的新型调查形式，主要应用于通过网络发放和收集调查问卷，其优点是快捷、高效和针对性强，可以节省调查员的大量走访时间。这些允许网站和浏览者开展互动的页面就是表单页面。通过本项目的介绍，读者可以了解如何在网页中创建表单及设置表单的属性。

企业网络问卷调查的目的在于了解客户的真实感受，以便更好地改进商品，更好地服务于客户，因此被调查用户在填写时一定要坚持客观性和真实性原则，从自身体验的真实感受出发，态度中肯，语言谦逊，正确表达意见，诚恳提出建议。

项目目标

（1）了解表单在网页中的作用。

（2）在网页中创建表单并设置表单的属性。

（3）在网页中添加表单元素并设置表单元素的属性。

项目描述

本项目将通过 4 个不同的任务来说明如何在网页中创建表单，以及如何设置表单的属性。

任务 1 制作客户反馈页面

任务目标

（1）了解表单的相关知识。

（2）掌握添加单选按钮并设置其属性的方法。

（3）掌握添加文本域并设置其属性的方法。

（4）掌握添加文本区域并设置其属性的方法。

（5）掌握添加按钮并设置其属性的方法。

任务描述

上海企业网为了了解更多客户的需求及意见，在网页中通过表单页面实现"客户留言"页面以得到客户的反馈信息，搭建了信息反馈平台，如图 6-1 所示。

图 6-1　"客户留言"页面效果

任务分析

本任务通过制作"客户留言"页面来了解和掌握在网页中如何创建基本表单项，为了使表单效果最好，本任务采用表格技术来规范表单中的各个元素。

操作步骤

步骤 1：创建表单。

（1）打开本书素材中的"素材\项目 6\示例\01\原始文件\plus\book\index.html"文件，将光标移动到所需位置，然后插入一个 6 行 3 列的表格，设置"表格宽度"为 900 像素，"边框粗细"、"单元格边距"和"单元格间距"均为 0，如图 6-2 所示。

（2）在插入表格后，将第三列的 6 行单元格进行合并，结果如图 6-3 所示。

图 6-2　插入表格

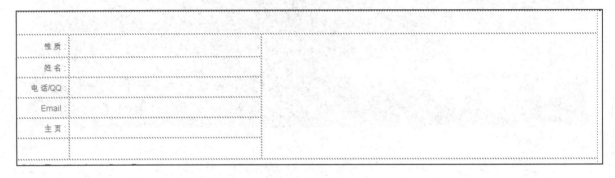

图 6-3　合并单元格

步骤 2：插入单选按钮。

（1）将光标移动到第一行第二列的单元格中，选择"插入"→"表单"→"单选按钮"命令，在弹出的"输入标签辅助功能属性"对话框中，将"标签"设置为"公开"，"位置"设置为"在表单项后"，如图 6-4 所示，然后单击"确定"按钮，即可将单选按钮插入页面中。

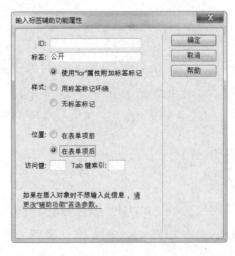

图 6-4　"输入标签辅助功能属性"对话框

（2）使用同样的方法插入"悄悄话"单选按钮，效果如图 6-5 所示。

图 6-5   插入单选按钮后的效果

（3）选中"公开"单选按钮，在其"属性"面板中设置该单选按钮的名称，如 show，将"选定值"设置为 0，"初始状态"设置为"已勾选"，如图 6-6 所示。

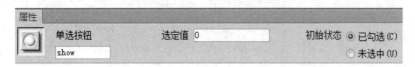

图 6-6   设置"公开"单选按钮的属性

（4）选中"悄悄话"单选按钮，在其"属性"面板中设置该单选按钮的名称也为 show，将"选定值"设置为 1，"初始状态"设置为"未选中"，如图 6-7 所示。

图 6-7   设置"悄悄话"单选按钮的属性

注意 ●●●

在实现单选按钮的单选功能时，各单选按钮的名称必须相同，但是它们的选定值必须不同。

步骤 3：插入文本域。

（1）将光标移动到添加文本域的单元格中，然后选择"插入"→"表单"→"文本域"命令，即可将文本域插入页面中，如图 6-8 所示。

图 6-8   插入文本域

（2）选中文本域，在其"属性"面板中将"字符宽度"设置为 20，"最多字符数"设置为 30，如图 6-9 所示。

图 6-9   设置文本域的属性

注意 ●●●

表单项"属性"面板中的字符宽度是指最多显示多少个字符，即文本域的宽度，最多字符数是指最多能输入多少个字符。

（3）按照以上步骤，在"电话/QQ"、"Email"和"主页"右侧相邻的单元格中分别插入相应的文本域即可，"主页"文本域的属性设置如图 6-10 所示。

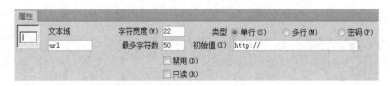

图 6-10 "主页"文本域的属性设置

步骤 4：插入文本区域。

（1）在第三列单元格中嵌套一个 3 行 1 列的表格，如图 6-11 所示。

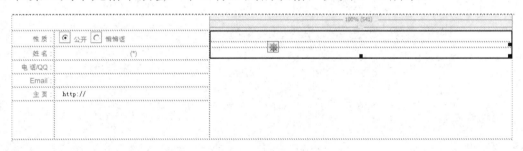

图 6-11 嵌套表格

（2）将光标移动到嵌套表格的第一行第一列的单元格中，添加文本区域，选择"插入"→"表单"→"文本区域"命令，即可将文本区域插入页面中，如图 6-12 所示。

图 6-12 插入文本区域

（3）设置文本区域表单项的属性，将"字符宽度"设置为 60，"行数"设置为 8，"初始值"设置为"请在此输入您的留言内容!"，如图 6-13 所示。

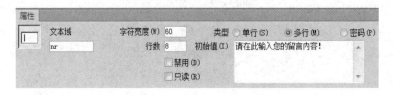

图 6-13 设置文本区域的属性

步骤 5：插入按钮。

（1）将光标移动到嵌套表格的第三行第一列的单元格中，插入验证码框和图片，然后选择"插入"→"表单"→"按钮"命令，即可将按钮插入页面中，如图 6-14 所示。

图 6-14　插入验证码框、图片和"提交"按钮

（2）选中按钮，在其"属性"面板中将"值"设置为"提交"，"动作"设置为"提交表单"，其他参数保持默认设置，如图 6-15 所示。

图 6-15　设置按钮的属性

（3）使用以上方法，在页面中插入另一个按钮，并在其"属性"面板中将"值"设置为"复原"，"动作"设置为"重设表单"，如图 6-16 所示。

图 6-16　插入"复原"按钮

步骤 6：预览页面。

保存文件，然后按下 F12 键，在浏览器中预览页面，如图 6-17 所示。

图 6-17　预览页面

知识链接

1. 表单

表单由一个或多个文本框、单选按钮、复选框、下拉列表和图像按钮等组成，一个文档中可以包含多个表单，而且每个表单中可以放置常用的主体内容，包括文字和图像。文字可以为用户提供表单元素标记及各种提示、指示，告诉用户应该如何填写表单，非常有用。与表格不同的是，虽然一个页面中可以有多个表单，但是用户不能嵌套表单。

2. 表单的工作过程

用户需要先填写表单中的不同字段，再单击特殊的"提交"按钮（有时可以按 Enter 键）将表单提交给服务器。浏览器会将用户提供的数值和选项数据打包，并将它们发送给某台服务器或某个电子邮件地址。服务器通常会将信息传递给一个能够处理这些信息的支持程序或应用程序，并产生一个 HTML 形式的回应。这个回应可能提示用户如何正确填写表单中的内容，或者提示还有哪些字段没有填写。服务器将回应递交给浏览器客户端，而浏览器又会将结果呈现给用户。如果是电子邮件式的表单，则信息会直接发送到某人的电子邮箱中。

总结如下：

（1）浏览者在浏览有表单的网页时，填写必需的信息后要单击"提交"按钮。

（2）这些信息通过 Internet 传送到服务器。

（3）服务器中专门的程序对这些数据进行处理，如果有错误则会返回错误信息，并要求纠正错误。

（4）当数据完整且无误后，服务器会反馈输入完成的信息。

表单的开发分为两部分：一部分是在网页中制作必需的表单项目，即前端，主要在 Dreamweaver CS6 中制作完成；另一部分是编制如何处理这些信息的程序，即后端，主要使用具体的解释或编译程序制作。

3. 表单元素

选择"插入"→"表单"命令，打开"表单"下拉菜单，如图 6-18 所示。

其中各命令的作用如下所述。

（1）表单：在文档中定义一个表单区域。

（2）文本域：可以输入任意文本，包括字母、数字和其他字符。该类型又分为单行文本域、多行文本域和密码文本域（可以在"属性"面板中设置）。

（3）文本区域：可以输入任意多行文本，包括字母、数字和其他字符。

（4）按钮：接收单击信息并执行指定的任务。该类型又分为提交表单按钮、普通按钮和重置表单按钮。

（5）复选框：提供了多个选项，即在一组选项中可以同时选择多个选项。

（6）单选按钮：提供了多个选项，但是在一组选项中只能选择其中一项。

（7）选择（列表/菜单）："列表"是普通列表框，供用户在列表框中选择一项或多项；"菜单"为菜单列表框；如果用户希望选择其中一项后能够打开指定的网页，则必须与"跳转菜单"命令结合使用。

（8）文件域：在上载文件时使用。

（9）图像域：可以使用图像替代"提交"按钮的作用。

（10）隐藏域：用于保存某些在网页中需要连续传递的信息。

（11）单选按钮组：一次可以选择一组（多个）单选项。

（12）复选框组：一次可以选择一组（多个）复选项。

（13）跳转菜单：可以在页面中插入一个菜单列表框，并将菜单中的每一项链接到指定的网页。当选择某项后，浏览器即可打开其链接的网页。

（14）字段集：将一些表单元素组成一个组。

（15）标签：使用标签来定义表单控制之间的关系。

图 6-18 "表单"下拉菜单

试一试

打开本书素材中的"素材\项目6\试一试\01\原始文件\lyb.html"文件，制作留言板页面，效果如图6-19所示。

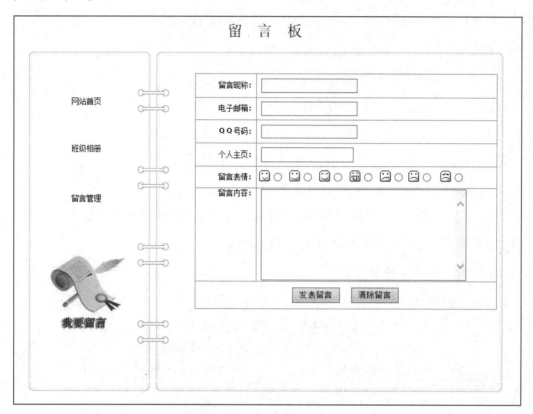

图6-19　留言板页面效果

任务2　制作用户登录页面

任务目标

（1）掌握添加密码文本域并设置其属性的方法。

（2）初步了解复选框并设置其属性。

任务描述

用户登录系统是一般网站都具有的子系统，其作用是限制该网站中某些资源的使用，只有通过身份确认后的用户才可以访问这些资源，从而为用户提供安全的访问和数据操作，防止非法用户进入系统。

任务分析

本任务通过使用表单技术来制作用户登录页面，当用户登录页面制作完成后，使用框架技术实现登录页面效果，如图 6-20 所示。

图 6-20　用户登录页面效果

操作步骤

步骤 1：新建用户登录页面。

新建 Userlogin.html 页面。

步骤 2：使用表格布局方式布局页面。

在页面中插入一个 5 行 1 列的表格，如图 6-21 所示。

用户名：
密　码：
验证码：

图 6-21　插入表格

步骤 3：插入文本域。

（1）将光标移动到"用户名"右侧，然后选择"插入"→"表单"→"文本域"命令，即可将"用户名"文本域插入页面中，如图 6-22 所示。

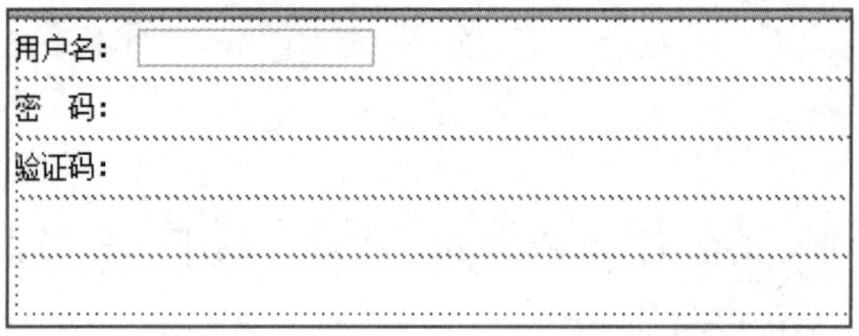

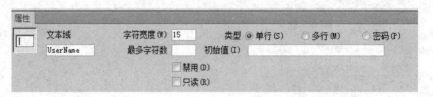

图 6-22　插入"用户名"文本域

（2）选中"用户名"文本域，在其"属性"面板中设置该文本域的属性，如图 6-23 所示。

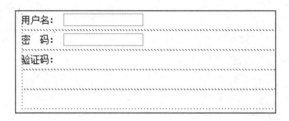

图 6-23　设置"用户名"文本域的属性

（3）使用同样的方法插入"密码"文本域，如图 6-24 所示。

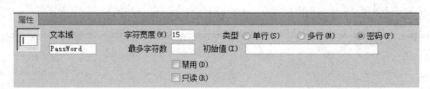

图 6-24　插入"密码"文本域

（4）选中"密码"文本域，在其"属性"面板中设置该文本域的属性，将"类型"设置为"密码"，这样当在页面中设置或输入密码时相关内容显示为小黑点，即密码不可见，并将"字符宽度"设置为 15，如图 6-25 所示。

图 6-25　设置"密码"文本域的属性

（5）使用同样的方法插入"验证码"文本域，如图 6-26 所示。

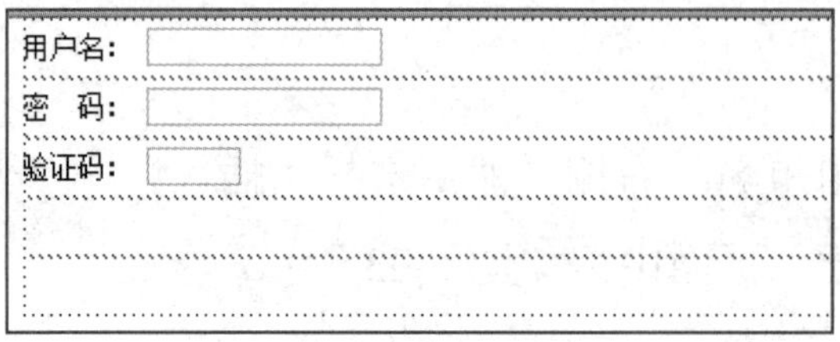

图 6-26　插入"验证码"文本域

（6）选中"验证码"文本域，在其"属性"面板中设置该文本域的属性，如图 6-27 所示。

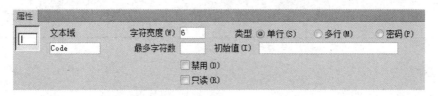

图 6-27　设置"验证码"文本域的属性

步骤 4：插入"登录"按钮。

（1）将光标移动到第五行的单元格中，然后选择"插入"→"表单"→"按钮"命令，即可将"登录"按钮插入页面中，如图 6-28 所示。

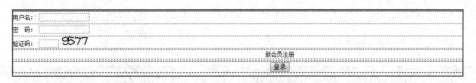

图 6-28　插入"登录"按钮

（2）选中"登录"按钮，在其"属性"面板中设置该按钮的属性，如图 6-29 所示。

图 6-29　设置"登录"按钮的属性

步骤 5：插入"永久登录"复选框。

（1）将光标移动到"登录"按钮的右侧，然后选择"插入"→"表单"→"复选框"命令，即可将"永久登录"复选框插入页面中，如图 6-30 所示。

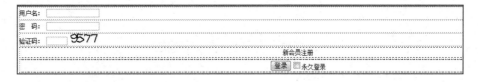

图 6-30　插入"永久登录"复选框

（2）选中"永久登录"复选框，在其"属性"面板中设置该复选框的属性，如图 6-31 所示。

图 6-31　设置"永久登录"复选框的属性

步骤 6：预览页面。

保存文件，然后按下 F12 键，在浏览器中预览页面，效果如图 6-32 所示。

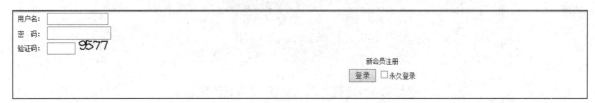

图 6-32　用户登录页面预览效果

 试一试

打开本书素材中的"素材\项目 6\试一试\01\原始文件\user\Reg.asp-action"文件，制作会员注册页面，效果如图 6-33 所示。

图 6-33　会员注册页面效果

任务 3　制作网站调查页面

任务目标

（1）掌握添加复选框并设置其属性的方法。

（2）掌握添加文本域并设置其属性的方法。

（3）掌握添加文本区域并设置其属性的方法。

（4）掌握添加按钮并设置其属性的方法。

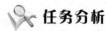 任务描述

为了上海企业网运作的不断改善和提高，可以通过设计网站调查页面来了解更多信息。

任务分析

本任务通过使用表单元素中的单选按钮和复选框来实现网站调查页面中的单选题和多选题的提交。

操作步骤

步骤1：创建表单。

打开本书素材中的"素材\项目6\示例\03\原始文件\index.html"文件，将光标移动到所需位置，然后插入表单，如图6-34所示。

图6-34 插入表单

步骤2：插入复选框。

（1）选择"插入"→"表单"→"复选框"命令，即可将复选框插入页面中，如图6-35所示。

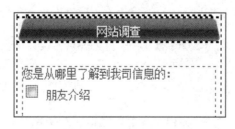

图6-35 插入复选框

（2）选中该复选框，在其"属性"面板中设置该复选框的属性，如图6-36所示。

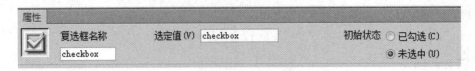

图6-36　设置复选框的属性

（3）使用以上方法继续插入其他复选框即可，如图6-37所示。

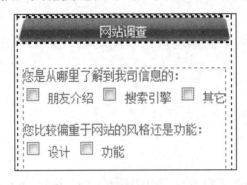

图6-37　插入其他复选框

注意 ●●●

如果想要实现复选框的效果，则各个复选框的名称必须不同，但是它们的选定值必须相同。

步骤3：插入单选按钮。

（1）将光标移动到要添加单选按钮的位置，然后选择"插入"→"表单"→"单选按钮"命令，在弹出的"输入标签辅助功能属性"对话框中，将"标签"设置为"1/2 以上"，然后单击"确定"按钮，即可将单选按钮插入页面中，如图6-38所示。

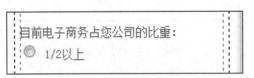

图6-38　插入单选按钮

（2）选中该单选按钮，在其"属性"面板中设置该单选按钮的名称及选定值，如图6-39所示。

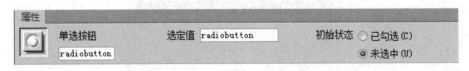

图6-39　设置单选按钮的属性

（3）使用以上方法继续插入其他单选按钮即可，如图6-40所示。需要注意的是，各个单选按钮的名称必须相同，但是它们的选定值必须不同。

图 6-40　插入其他单选按钮

步骤 4：插入文本区域。

将光标移动到要添加文本区域的位置，然后选择"插入"→"表单"→"文本区域"命令，即可将文本区域插入页面中，如图 6-41 所示。

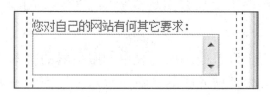

图 6-41　插入文本区域

步骤 5：插入按钮。

将光标移动到要添加按钮的位置，然后选择"插入"→"表单"→"按钮"命令，即可将"提交"和"重置"按钮插入页面中，并设置它们各自的属性，如图 6-42 所示。

图 6-42　插入按钮

步骤 6：预览页面。

保存文件，然后按下 F12 键，在浏览器中预览页面，预览效果如图 6-43 所示。

图 6-43　网站调查页面预览效果

知识链接

1. 表单"属性"面板

表单"属性"面板如图 6-44 所示。

图 6-44　表单"属性"面板

表单"属性"面板中各选项的作用如下所述。

（1）"表单 ID"文本框：用于设置所选表单的名称。为了正确处理表单，一定要为表单设置一个名称。

（2）"动作"文本框：用于设置处理所选表单的服务器的脚本路径。如果该表单需要通过电子邮件方式发送，不被服务器脚本处理，则需要在"动作"文本框中输入"mailto:"和要发送到的电子邮箱地址。

（3）"目标"下拉列表：用于设置所选表单被处理后，反馈网页打开的方式。如果选择"-bank"选项，则表示反馈网页在新窗口中打开；如果选择"-parent"选项，则表示反馈网页在副窗口中打开；如果选择"-self"选项，则表示反馈网页在原窗口中打开；如果选择"-top"选项，则表示反馈网页在顶层窗口中打开。

（4）"方法"下拉列表：用于设置将表单数据发送到服务器的方法。如果选择"默认"或"GET"选项，则表示以 GET 方法发送表单数据，把表单数据附加到请求 URL 中发送；如果选择"POST"选项，则表示以 POST 方法发送表单数据，把表单数据嵌入到 HTTP 请求中发送。在通常情况下，应选择"POST"选项。

（5）"编码类型"下拉列表：用于设置发送数据的编码类型。

2. 文本域"属性"面板

无论什么时候，当用户使用表单收集浏览者输入的文本信息时，都会用到一个被称为文本域的表单对象。文本域能够保存任意数量的字母字符。单行文本域是可以输入单行文本的表单元素，如通常的登录页面中输入用户名的部分。

在选中单行文本域后，可以在如图 6-45 所示的单选文本域"属性"面板中设置单行文本域的属性。

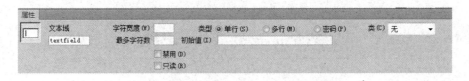

图 6-45　单行文本域"属性"面板

单行文本域"属性"面板中各选项的作用如下所述。

（1）"文本域"文本框：用于设置所选单行文本域的名称。

（2）"字符宽度"文本框：用于设置所选单行文本域的长度，可以输入数值。例如，如果输入10，则所选单行文本域能显示10个字节的字符，或者能显示5个汉字。

（3）"最多字符数"文本框：用于设置所选单行文本域能输入的最多字符数，可以输入数值。例如，如果输入10，则所选单行文本域最多能输入10个字节的字符，或者最多能输入5个汉字。

（4）"初始值"文本框：用于设置所选单行文本域被显示时的初始文本。

"密码"文本域"属性"面板如图6-46所示。

图6-46 "密码"文本域"属性"面板

"密码"文本域"属性"面板中各选项的作用如下所述。

（1）"文本域"文本框：用于设置所选"密码"文本域的名称。

（2）"字符宽度"文本框：用于设置所选"密码"文本域的长度，可以输入数值。例如，如果输入10，则所选"密码"文本域能显示10个字节的字符，或者能显示5个汉字。

（3）"最多字符数"文本框：用于设置所选"密码"文本域能输入的最多字符数，可以输入数值。例如，如果输入10，则所选"密码"文本域最多能输入10个字节的字符，或者最多能输入5个汉字。

（4）"初始值"文本框：用于设置所选"密码"文本域被显示时的初始文本。

3．文本区域"属性"面板

文本区域"属性"面板如图6-47所示。

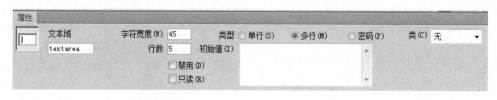

图6-47 文本区域"属性"面板

文本区域"属性"面板中各选项的作用如下所述。

（1）"文本域"文本框：用于设置所选文本区域的名称，可以被脚本或应用程序引用。与其他控件相同，在发送控件中的数据时，也可以发送名称值。

（2）"字符宽度"文本框：用于设置所选文本区域的文本列数，即所选文本区域的宽度。如果文本列数超出了此设置，则由 warp 属性来确定是自动为文本区域添加水平滚动条，还是自动对文字进行同行设置。

（3）"初始值"文本框：用于设置所选文本区域被显示时的初始文本。

（4）"行数"文本框：用于设置所选文本区域的文本行数，即所选文本区域的高度。如果文本行数超出了此设置，则浏览器会自动为文本区域添加垂直滚动条。

4．按钮"属性"面板

按钮"属性"面板如图 6-48 所示。

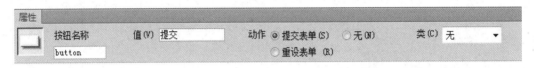

图 6-48　按钮"属性"面板

按钮"属性"面板中各选项的作用如下所述。

（1）"按钮名称"文本框：用于设置所选按钮的名称。

（2）"值"文本框：用于设置所选按钮上显示的文本。

（3）"动作"单选按钮组：用于设置浏览者单击所选按钮将产生的动作，有两个单选按钮——"提交表单"和"重设表单"。如果选中"提交表单"单选按钮，则浏览者单击按钮将提交此表单；如果选中"重设表单"单选按钮，则浏览者单击按钮将重设此表单，把表单各对象的值恢复为初始状态。

5．复选框"属性"面板

复选框"属性"面板如图 6-49 所示。

图 6-49　复选框"属性"面板

复选框"属性"面板中各选项的作用如下所述。

（1）"复选框名称"文本框：用于设置所选复选框的名称。

（2）"选定值"文本框：用于设置所选复选框的值。

（3）"初始状态"单选按钮组：用于设置所选复选框的初始状态，有两个单选按钮——"已勾选"和"未选中"。如果选中"已勾选"单选按钮，则所选复选框初始时处于选中状态；如果选中"未选中"单选按钮，则所选复选框初始时处于未选中状态。

6．单选按钮"属性"面板

单选按钮"属性"面板如图 6-50 所示。

图 6-50　单选按钮"属性"面板

单选按钮"属性"面板中各选项的作用如下所述。

（1）"单选按钮"文本框：用于设置所选单选按钮的名称。

（2）"选定值"文本框：用于设置所选单选按钮的值。

（3）"初始状态"单选按钮组：用于设置所选单选按钮的初始状态，有两个单选按钮——"已勾选"和"未选中"。如果选中"已勾选"单选按钮，则所选单选按钮初始时处于选中状态；如果选中"未选中"单选按钮，则所选单选按钮初始时处于未选中状态。

7．选择（列表/菜单）"属性"面板

选择（列表/菜单）"属性"面板如图 6-51 所示。

图 6-51　选择（列表/菜单）"属性"面板

选择（列表/菜单）"属性"面板中各选项的作用如下所述。

（1）"选择"文本框：用于设置所选列表或菜单的名称。

（2）"类型"单选按钮组：用于设置列表类型或菜单类型。

（3）"列表值"按钮：单击该按钮，弹出"列表框"对话框。

（4）"初始化时选定"文本框：用于设置所选列表或菜单在浏览器中显示的初始值。

8．文件域"属性"面板

文件域"属性"面板如图 6-52 所示。

图 6-52　文件域"属性"面板

文件域"属性"面板中各选项的作用如下所述。

（1）"文件域名称"文本框：用于设置所选文件域的名称。

（2）"字符宽度"文本框：用于设置所选文件域的长度，可以输入数值。例如，如果输入10，则文件域能显示10个字节的字符，或者能显示5个汉字。

（3）"最多字符数"文本框：用于设置所选文件域能输入的最多字符数，可以输入数值。例如，如果输入10，则文件域最多能输入10个字节的字符，或者最多能输入5个汉字。

9. 图像域"属性"面板

图像域"属性"面板如图 6-53 所示。

图 6-53　图像域"属性"面板

图像域"属性"面板中各选项的作用如下所述。

（1）"图像区域"文本框：用于设置所选图像域的名称。

（2）"源文件"文本框：用于设置所选图像域的图像来源，此时可以设置一个新的图像文件来替换此图像域。

（3）"替换"文本框：用于设置所选图像域的替换文本，当浏览者的浏览器无法显示图像域的图像时，可以显示此替换文本。

（4）"对齐"下拉列表：用于设置所选图像域的对齐方式，其有 6 个选项——"默认值"、"顶部"、"中间"、"底部"、"左对齐"和"右对齐"。如果选择"默认值"选项，则所选图像域将采用默认的对齐方式；如果选择"顶部"选项，则所选图像域将采用顶部对齐方式；如果选择"中间"选项，则所选图像域将采用中间对齐方式；如果选择"底部"选项，则所选图像域将采用底部对齐方式；如果选择"左对齐"选项，则所选图像域将采用左对齐方式；如果选择"右对齐"选项，则所选图像域将采用右对齐方式。

10. 隐藏域"属性"面板

隐藏域的作用是管理用户和服务器的交互操作。在通常情况下，服务器不会保留这种信息，并且每台服务器和用户之间的处理过程与其他事务无关。例如，用户提交的第一个表单也许需要一些基本信息，如用户名和住址等。基于这些初始信息，服务器可能会创建第二个表单，向用户询问一些更详细的信息。重新输入第一个表单中的内容对用户来说太麻烦了，因此可以对服务器进行编程，将这些值直接保存在第二个表单的隐藏字段中。当返回第二个表单时，从这两个表单中得到的所有重要信息都会保存下来。

在选中隐藏域后，可以在如图 6-54 所示的隐藏域"属性"面板中设置隐藏域的属性。

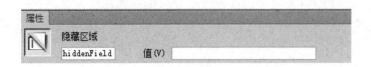

图 6-54　隐藏域"属性"面板

隐藏域"属性"面板中各选项的作用如下所述。

（1）"隐藏区域"文本框：用于设置所选隐藏域的名称。

（2）"值"文本框：用于设置所选隐藏域的值。

11．"单选按钮组"对话框

选择"插入"→"表单"→"单选按钮组"命令，会弹出"单选按钮组"对话框，如图 6-55 所示。

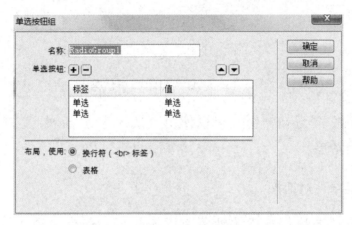

图 6-55　"单选按钮组"对话框

"单选按钮组"对话框中各选项的作用如下所述。

（1）"名称"文本框：用于输入单选按钮的名称。插入单选按钮组的好处是使同一组中的单选按钮具有统一的名称。

（2）单击"标签"列中的文字，文字变为可修改状态，可以输入需要的内容。"标签"列设定的是单选按钮的说明文字，所以可以使用中文。单击"值"列中的文字，文字变为可修改状态，可以输入需要的值。"值"列中设定的是选中单选按钮后提交的内容，应使用英文。

（3）"布局，使用"单选按钮组：可以使用"换行符（
标签）"或"表格"来设置单选按钮组中单选按钮的布局。

12．"复选框组"对话框

选择"插入"→"表单"→"复选框组"命令，会弹出"复选框组"对话框，如图 6-56 所示。

"复选框组"对话框中各选项的作用如下所述。

（1）"名称"文本框：用于输入复选框的名称。插入复选框组的好处是使同一组中的复选框具有统一的名称。

（2）单击"标签"列中的文字，文字变为可修改状态，可以输入需要的内容。"标签"列设定的是复选框的说明文字，所以可以使用中文。单击"值"列中的文字，文字变为可修改状态，可以输入需要的值。"值"列中设定的是选中复选框后提交的内容，应使用英文。

图 6-56　"复选框组"对话框

（3）"布局，使用"单选按钮组：可以使用"换行符（
标签）"或"表格"来设置复选框组中复选框的布局。

13. "插入跳转菜单"对话框

选择"插入"→"表单"→"跳转菜单"命令，会弹出"插入跳转菜单"对话框，如图 6-57 所示。

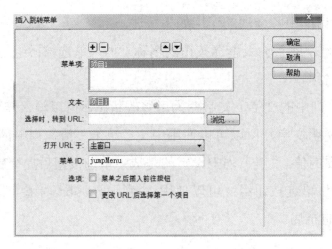

图 6-57　"插入跳转菜单"对话框

"插入跳转菜单"对话框中各选项的作用如下所述。

（1）"菜单项"列表框：此列表框中列出了所有的跳转菜单项。单击 按钮，可以增加一个菜单项。在"菜单项"列表框中选中某个菜单项，然后单击 按钮，可以删除此菜单项。在

"菜单项"列表框中选中某个菜单项，然后单击向上或向下的箭头按钮，可以调整此菜单项在跳转菜单中的位置。

（2）"文本"文本框：用于设置当前菜单项显示的文本。

（3）"选择时，转到 URL"文本框：用于设置当前菜单项所对应的超级链接地址。

（4）"打开 URL 于"下拉列表：用于设置超级链接的打开位置。

（5）"菜单 ID"文本框：用于设置当前菜单项的名称。

（6）"菜单之后插入前往按钮"复选框：如果勾选该复选框，则在向网页中插入跳转菜单后，将同时插入"前往"按钮。浏览者单击"前往"按钮，将打开跳转菜单中当前选中菜单项所对应的超级链接。

（7）"更改 URL 后选择第一个项目"复选框：如果勾选该复选框，则可以使用菜单选择提示。

 试一试

参照素材文件，制作一个调查问卷表单，效果如图 6-58 所示。

图 6-58　调查问卷表单效果

任务4　Spry 验证表单

任务目标

（1）掌握插入 Spry 密码验证表单的方法。

（2）掌握设置 Spry 验证表单属性的方法。

任务描述

上海企业网需要制作会员注册页面，要求用户在填写报名表信息时，对各项数据信息进行检查，符合要求方可提交。会员注册页面效果如图6-59所示。

图6-59 会员注册页面效果

任务分析

在新用户注册过程中，用户在填写数据信息时应判断其合法或非法，这可以利用Dreamweaver CS6中的表单验证功能来实现。

操作步骤

步骤：添加 Spry 验证密码。

（1）打开"素材\项目6\示例\04\原始文件\ user\Reg.asp-action"页面。

（2）选中准备插入 Spry 验证密码的"用户密码"文本域，然后选择"插入"→"表单"→"Spry 验证密码"命令。

（3）可以看到选中的文本域中已经插入了 Spry 验证密码，如图6-60所示。

图6-60 插入 Spry 验证密码

（4）选中插入的 Spry 验证密码，在其"属性"面板中，对 Spry 验证密码进行相应的设置，如图 6-61 所示。

图 6-61 对 Spry 验证密码进行设置

（5）保存文件，然后按下 F12 键，在浏览器中预览页面。当用户密码不为 5～8 位字符时，弹出提示信息，如图 6-62 所示。

图 6-62 Spry 验证密码提示信息

（6）使用同样的方法为"确认密码"文本域添加 Spry 验证密码。

知识链接

1. Spry 验证文本域

Spry 验证文本域用于验证文本域表单对象的有效性。

选中网页文件中的某个文本域，然后选择"插入"→"表单"→"Spry 验证文本域"命令，即可添加 Spry 验证文本域。

选中插入的 Spry 验证文本域，其"属性"面板如图 6-63 所示。

图 6-63 Spry 验证文本域"属性"面板

Spry 验证文本域"属性"面板中各选项的作用如下所述。

（1）"Spry 文本域"文本框：可以在该文本框中输入所选 Spry 验证文本域的名称。

（2）"类型"下拉列表：可以在该下拉列表中选择所选 Spry 验证文本域的验证类型。验证类型与格式如表 6-1 所示。

表 6-1　验证类型与格式

验证类型	格式说明	格式选项
无	没有特殊的格式	没有可选格式
整数	文本域仅接收整数，如 1、2、8 等	没有可选格式
电子邮件地址	文本域只能接收包含"@"和"."的电子邮件地址，并且@和. 的前面或后面必须至少有一个字母，如 abc@126.com	没有可选格式
日期	格式可选。在"属性"面板的"格式"下拉列表中进行选择。例如，"mm/dd/yy"表示输入的日期格式为月/日/年，如 01/01/15	mm/dd/yy mm/dd/yyyy dd/mm/yyyy dd/mm/yy yy/mm/dd yyyy/mm/dd dd-mm-yy dd-mm-yy yyyy-mm-dd mm. dd. yyyy dd. mm. yyyy
时间	格式可选。在"属性"面板的"格式"下拉列表中进行选择，"tt"表示 am/pm（上午/下午）格式，"t"表示 a/p（上午/下午）格式	HH:mm HH:mm:ss hh:mm tt hh:mm:ss tt hh:mm t hh:mm:ss t
信用卡	格式可选。在"属性"面板的"格式"下拉列表中进行选择。可以选择接收所有信用卡信息，或者指定特定种类的信用卡。文本域不接收包含空格的信用卡号	全部 Visa MasterCard American Express Discover Diner's Club
邮政编码	格式可选。在"属性"面板的"格式"下拉列表中进行选择	US-5 US-9 英国 加拿大 自定义模式
电话号码	文本域接收美国或加拿大定义格式的电话号码。如果选择自定义模式，则可以在"格式"文本框中输入自定义格式，如 0371-00000000	美国/加拿大 自定义模式
社会安全号码	文本域接收如 000-00-0000 格式的社会安全号码	美国 自定义模式
货币	文本域接收 1,000,000.00 或 1.000.000,00 格式的货币	1,000,000.00 1.000.000,00
实数/科学记数法	验证各种数字：如数字（如 8）、浮点值（如 12.345）、使用科学记数法表示的浮点值（如 12.345E+6，其中 E 表示 10 的幂）	没有可选格式
IP 地址	格式可选。在"属性"面板的"格式"下拉列表中进行选择	仅 IPv4 仅 IPv6 IPv6 和 IPv4
URL	文本域接收 URL 格式，如 http://www.baidu.com	没有可选格式
自定义	用于自定义验证类型和格式	没有可选格式

（3）"预览状态"下拉列表：可以在该下拉列表中选择预览状态，如图 6-64 所示。当选择不同的预览状态时，所选 Spry 验证文本域的外观会发生不同的变化，如图 6-65～图 6-68 所示。

图 6-64 "预览状态"下拉列表中的 4 个选项

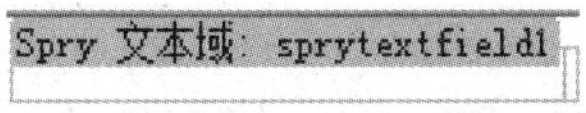

图 6-65 初始状态

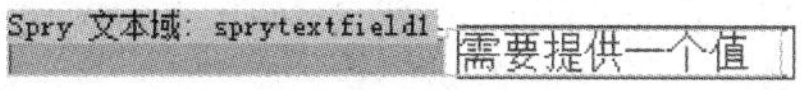

图 6-66 必填状态

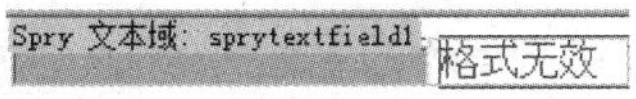

图 6-67 无效格式状态

图 6-68 有效状态

（4）"验证于"复选框组：可以勾选相应的复选框，设置验证发生的时间。

① onBlur（模糊）：当用户在文本域的外部单击时验证。

② onChange（更改）：当用户更改文本域中的文本时验证。

③ onSubmit（提交）：当用户尝试提交表单时验证。

（5）"最小字符数"文本框：可以在该文本框中输入所选 Spry 验证文本域能输入的最少字符数。

（6）"最大字符数"文本框：可以在该文本框中输入所选 Spry 验证文本域能输入的最多字符数。

（7）"最小值"文本框：可以在该文本框中输入所选 Spry 验证文本域能输入的数值的最小值。

（8）"最大值"文本框：可以在该文本框中输入所选 Spry 验证文本域能输入的数值的最大值。

（9）"强制模式"复选框：用于设置禁止在所选 Spry 验证文本域中输入无效字符。

2．Spry 验证文本区域

Spry 验证文本区域用于验证文本区域中表单对象的有效性。

选中网页文件中的某个文本区域，然后选择"插入"→表单→"Spry 验证文本区域"命令，即可添加 Spry 验证文本区域。

选中插入的 Spry 验证文本区域，其"属性"面板如图 6-69 所示。

图 6-69 Spry 验证文本区域"属性"面板

Spry 验证文本区域"属性"面板中各选项的作用如下所述。

（1）"Spry 文本区域"文本框：可以在该文本框中输入所选 Spry 验证文本区域的名称。

（2）"预览状态"文本框：可以在该下拉列表中选择预览状态。

（3）"验证于"复选框组：可以勾选相应的复选框，设置验证发生的时间，包括站点访问者在控件外部单击时、键入内容时或提交表单时。

（4）"最小字符数"文本框：可以在该文本框中输入所选 Spry 验证文本区域能输入的最少字符数。

（5）"最大字符数"文本框：可以在该文本框中输入所选 Spry 验证文本区域能输入的最多字符数。

（6）"计数器"单选按钮组：可以添加字符计数器，以便用户知道在文本区域中输入内容时输入了多少个字符或还可以输入多少个字符。

提示 ●●●

可以向文本区域中添加提示，以便用户知道应该在文本区域中输入哪种信息。

3．Spry 验证复选框

Spry 验证复选框是 HTML 表单中的一个或一组复选框，用于验证复选框的有效性。

选中网页文件中的某个复选框，然后选择"插入"→表单→"Spry 验证复选框"命令，即可添加 Spry 验证复选框。

选中插入的 Spry 验证复选框，其"属性"面板如图 6-70 所示。

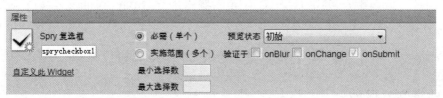

图 6-70　Spry 验证复选框"属性"面板

在 Spry 验证复选框的"属性"面板中选中"实施范围（多个）"单选按钮，在"最小选择数"和"最大选择数"文本框中可以输入复选框最小选中数和最大选中数。

4．Spry 验证选择

Spry 验证选择用于下拉菜单。选中网页文件中的某个下拉菜单，然后选择"插入"→"表单"→"Spry 验证选择"命令，即可添加 Spry 验证选择。

选中插入的 Spry 验证选择，其"属性"面板如图 6-71 所示。

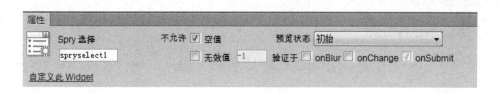

图 6-71　Spry 验证选择"属性"面板

5．Spry 验证密码

Spry 验证密码用于密码类型的文本域。选中网页文件中的某个"密码"文本域，然后选择"插入"→"表单"→"Spry 验证密码"命令，即可添加 Spry 验证密码。

选中插入的 Spry 验证密码，其"属性"面板如图 6-72 所示。

图 6-72　Spry 验证密码"属性"面板

Spry 验证密码"属性"面板中各选项的作用如下所述。

（1）"最小字符数"文本框：用于设置"密码"文本域输入的最少字符数。

（2）"最大字符数"文本框：用于设置"密码"文本域输入的最多字符数。

（3）"最小字母数"文本框：用于设置"密码"文本域输入的最小起始字母。

（4）"最大字母数"文本框：用于设置"密码"文本域输入的最大结束字母。

在 Spry 验证密码"属性"面板中，"最小数字数"、"最大数字数"、"最小大写字母数"、"最大大写字母数"、"最小特殊字符数"和"最大特殊字符数"文本框都用于设置"密码"文本域中输入的不同类型数据的范围。

6．Spry 验证确认

Spry 验证确认一般用于确认密码类型的文本域。选中网页文件中的某个"密码"文本域，然后选择"插入"→"表单"→"Spry 验证确认"命令，即可添加 Spry 验证确认。

选中插入的 Spry 验证确认，其"属性"面板如图 6-73 所示。

图 6-73　Spry 验证确认"属性"面板

"验证参照对象"下拉列表：用于设置验证是否一致时参照的对象。

7. Spry 验证单选按钮组

选中网页文件中的某个单选按钮组，然后选择"插入"→"表单"→"Spry 验证单选按钮组"命令，即可添加 Spry 验证单选按钮组。

选中插入的 Spry 验证单选按钮组，其"属性"面板如图 6-74 所示。

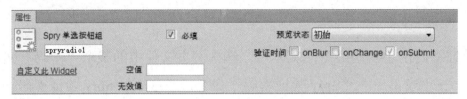

图 6-74　Spry 验证单选按钮组"属性"面板

 拓展与提高

在设置验证提示信息时，可以通过简单的代码来实现。

试一试

尝试为本项目任务 4 中的"邮箱地址"文本域添加 Spry 验证文本域，当用户输入不符合电子邮件地址格式的邮箱地址时，提示"格式无效。"，效果如图 6-75 所示。

图 6-75　Spry 验证文本域的效果

提示 ●●●

选中插入的 Spry 文本域，在其"属性"面板中，对 Spry 验证文本域进行相应的设置，如图 6-76 所示。

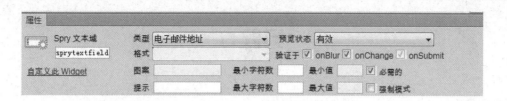

图 6-76 对 Spry 验证文本域进行设置

总结与回顾

表单在网页中的应用已经相当广泛，如申请 QQ 账号、收发电子邮件的页面等。本项目主要介绍了表单的用途，以及在网页中添加表单元素并设置表单元素属性的方法。

实训 创建订购信息页面

任务描述

某公司为开展在线订购产品业务，制作了订购信息页面，效果如图 6-77 所示。

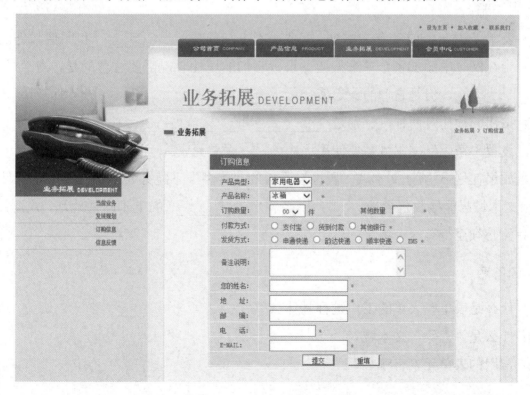

图 6-77 订购信息页面效果

习题6

1．选择题

（1）在使用 Dreamweaver CS6 制作网页时，为了了解用户的意见，可以使用（　　）实现。

    A．文字　　　　　B．表格　　　　　C．表单　　　　　D．框架

（2）文本域"属性"面板中的类型有（　　）。

    A．单行　　　　　B．多行　　　　　C．密码　　　　　D．以上都是

（3）在上传文件时使用的表单元素是（　　）。

    A．文本域　　　　B．菜单　　　　　C．文件域　　　　D．单选按钮

（4）Spry 验证的表单元素有（　　）。

    A．文本域　　　　B．文本区域　　　C．复选框　　　　D．以上都是

（5）在 Spry 验证时，Spry 验证表单元素中具有"计数器"功能的是（　　）。

    A．文本区域　　　　　　　　　B．复选框

    C．选择（列表/菜单）　　　　D．文件域

2．填空题

（1）表单是由一个或多个文本框、单选按钮、复选框、＿＿＿＿＿＿＿和图像按钮组成的。

（2）当在网页中添加多个单选按钮并设置它们的属性时，需要注意的是，各个单选按钮的名称＿＿＿＿＿＿，但是它们的选定值＿＿＿＿＿＿。

（3）按钮的动作有两种，分别是＿＿＿＿＿＿和＿＿＿＿＿＿。

（4）设置"密码"文本域需要使用＿＿＿＿＿＿表单元素。

（5）如果在 Spry 验证文本域"属性"面板的"类型"下拉列表中选择"电子邮件地址"选项，则文本域只能接收包含"＿＿＿＿＿＿"和"＿＿＿＿＿＿"的电子邮件地址，并且@和.的前面或后面必须至少有一个字母。

3．简答题

（1）什么是表单？表单的工作过程是什么？

（2）什么是"密码"文本域？

（3）常用的表单元素有哪些？

使用模板和库

通过前面的学习，我们已经熟悉了网站的建设流程，掌握了一定的制作方法，知道了想要开发出图文并茂、美观大方、符合客户需求的网站，不仅要有良好的沟通交流能力、审美能力、整体布局的大局意识等综合的职业素养，还要有爱岗敬业、严谨专注、精益求精、突破创新的新时代工匠精神，那么接下来我们就要寻求避免重复性操作、提高工作效率的方法。

在通常情况下，一个网站会有几十甚至几百个页面，为了方便用户浏览，一般设计为外观风格、版面结构等一致的网页。例如，统一在页头放置 LOGO 和 Banner，以及清晰、便捷的导航条等；在主体区域根据栏目分别罗列一些最新的、最热的资讯，在左右两侧放置各栏目的精选内容或图片链接等；在页脚一般放置网站的友情链接、联系方式、版权信息、法律声明信息和备案信息等。对于固定结构和相同的贯穿性元素等内容，如果逐页制作，则会费时、费力，而一旦发生改变，就又需要逐页进行更改，这样很容易发生遗漏或错链等问题。只有简化这些大量的重复性操作，使之能够自动生成、自动更新，才能减少工作量、提高工作效率，方便网站维护。

Dreamweaver CS6 中的模板与库功能可以帮我们达成这一目标。将具有相同内容的页面制作成模板，再通过模板创建新页面，也可以将重复的页面元素制作成库项目，并存储在库文件中以便随时调用。

使用模板和库可以快速制作大量相似的网页，只需对网页中重复的部分制作一次即可，不用重复制作多次，当贯穿性元素需要改变时只改变一次即可自动更新数以百计的页面，从而实现短时间内重构网站的目的，这样可以节约时间并保证准确无误，使得维护网站更方便、更快捷、更轻松。

▣ 项目目标

（1）理解模板和库在网页制作过程中的作用。

（2）学习模板和库的创建与编辑。

（3）能够应用模板和库制作、更新网页。

项目描述

本项目将通过 5 个任务来说明如何创建并应用模板和库快速制作风格一致的网页。

任务 1　认识模板

任务目标

（1）理解什么是模板。

（2）理解模板的作用。

（3）了解模板的优点。

任务描述

本任务主要介绍什么是模板，模板在网页制作过程中起什么作用，以及使用模板制作和更新网页有什么优点。

任务分析

在使用 Dreamweaver CS6 建设一个大规模的网站时，通常需要制作很多页面，而且需要保证这些页面的风格统一。为了提高网站建设与维护的工作效率，避免重复操作，就需要用到模板。模板实质上就是创建其他具有相同版式和风格的文档的基础文档，它是一种特殊类型的文档，模板文件的扩展名为.dwt，是 Dreamweaver CS6 提供的一种对站点中的文档进行管理的功能，而非 HTML 本身的功能。

当创建一个模板或将一个网页另存为模板时，Dreamweaver CS6 默认将所有区域标志为"锁定"。当通过模板生成网页时，Dreamweaver CS6 会自动生成网页共用部分（模板中相同布局网页的公共部分），并且这些锁定区域处于不允许编辑的状态，也称不可编辑区域，即用户无法对这些区域进行修改。当要更新公共部分时，只能在模板中进行编辑，或者将页面与模板分离。此时，只需要更改模板，则所有应用该模板的页面就会随之改变。

用户可以根据需要在模板中创建可编辑区域，模板的可编辑区域是指在基于模板生成的网页文件中用户可以编辑的区域。在制作模板时，可以创建可编辑区域，以决定模板中的哪些部分是在基于模板生成的网页文件中能自由编辑的，应用该模板的页面只能在可编辑区域中进行编辑，用户可以在可编辑区域中放置各页面之间不同的主体部分。

模板的最大作用是快速创建及更新具有统一结构和风格的网页，从而省去了重复操作的麻烦，提高了工作效率，使得维护网站更轻松。就快速创建页面来讲，通过复制网页内容、另存网页等操作也能实现，但是快速更新大批量网页是模板特有的功能，具有高效的特点。

使用模板的优点如下所述。

（1）省去了重复操作的麻烦，提高了设计者的工作效率。

（2）当更新站点时，如果想要修改共同的页面元素，则只需要更改应用的模板即可，这样所有基于相同模板生成的网页文件就会快速更新，而不必逐页修改。

（3）基于模板生成的网页文件与模板之间相互关联，公共内容可以保证完全一致，风格统一，看起来比较系统。在需要时还可以断开页面与模板之间的链接。

任务 2　创建模板

任务目标

（1）掌握空白模板的创建方法。

（2）了解空白模板保存并关闭的方法。

（3）掌握将已有文档转换为模板、保存模板并关闭模板的方法。

任务描述

本任务主要介绍如何创建空白模板，以及如何将已有文档转换为模板。

任务分析

在创建模板前一定要先创建站点，这样才能在保存一个新模板时将其保存到 Dreamweaver CS6 在站点根目录下自动生成的 Templates 文件夹中，才能在新建"模板中的页"时从"站点的模板"列表框中找到该模板，才能有效管理站点中应用模板的页面。不能将模板文件移动到其他位置存放，如果模板文件改变了位置，则 Dreamweaver CS6 将无法识别并管理该模板文件。

可以直接创建空白模板，也可以将已有文档转换为模板。在新创建的模板中，如果用户没有定义任何可编辑区域，那么基于模板生成的网页文件是不可编辑的，用户无法编辑网页之间不同内容的部分。虽然快速创建相似网页是模板的优点，但是一个站点中的页面如果全部一样也就没有任何意义了，因此，在保存或关闭模板时，Dreamweaver CS6 会弹出"此模板不含有任何可编辑区域"的警告对话框，以提醒用户进行设置。

操作步骤

步骤 1：创建站点。

将素材文件夹 myweb 复制到 E 盘根目录中，创建站点 myweb。

步骤 2：创建空白模板，保存后关闭模板。

（1）创建空白模板。可以使用的方法如下所述。

方法一：启动 Dreamweaver CS6，选择"文件"→"新建"命令。在弹出的"新建文档"对话框的左侧栏中选择"空白页"或"空模板"标签，然后在"页面类型"或"模板类型"列表框中选择"HTML 模板"选项，在"布局"列表框中选择"<无>"选项，然后单击"创建"按钮，如图 7-1 所示。此时，系统自动生成了一个空白模板，其临时文件名为 Untitled-1。

方法二：在"资源"面板中单击左侧竖排按钮中的"模板"按钮，此时打开"模板"子面板。单击面板右下方的"新建模板"按钮，此时文件名为 Untitled 的新模板会自动创建到当前站点的 Templates 文件夹中（如果 Templates 文件夹不存在，则系统会自动生成该文件夹），并显示在"模板"子面板的列表框中，而且处于重命名状态，如图 7-2 所示，可以为该模板输入新的名称，如 ylmoban。

方法三：在"资源"面板的"模板"子面板的列表框的空白处右击，在弹出的快捷菜单中选择"新建模板"命令，创建空白模板。

方法四：在"资源"面板的"模板"子面板中，单击右上方的菜单按钮，在弹出的下拉菜单中选择"新建模板"命令，创建空白模板。

（2）保存 Untitled-1 模板。其中，方法一创建的空白模板是系统临时生成的，需要保存才能创建到磁盘中，否则直接关闭后会被丢弃。选择"文件"→"保存"命令，会弹出"此模板不含有任何可编辑区域。您想继续吗？"警告信息，如图 7-3 所示。

图 7-1　"新建文档"对话框

图 7-2 在"资源"面板中新建模板

图 7-3 警告信息

单击"确定"按钮，继续执行保存操作。在弹出的"另存模板"对话框中，输入模板名称，如 xwmoban，如图 7-4 所示，然后单击"保存"按钮，完成保存操作。如果在如图 7-3 所示的对话框中单击"取消"按钮，则取消保存操作，并弹出新建可编辑区域的提示信息，如图 7-5 所示，可以按照提示信息新建可编辑区域后再进行保存操作。

图 7-4 "另存模板"对话框

图 7-5 提示信息

（3）关闭模板。只要模板中没有添加可编辑区域，则不管是执行保存操作还是关闭操作，都会弹出"此模板不含有任何可编辑区域。您想继续吗？"警告信息，单击"确定"按钮可以继续操作，而单击"取消"按钮则可以取消操作。如果更新了模板后没有保存就单击了"关闭"按钮，则会在单击了警告信息对话框中的"确定"按钮后询问"是否将改动保存"，可以在"另存为"对话框中进行保存。

步骤 3：将已有文档转换为模板。

（1）打开要转换为模板的网页文件。选择"文件"→"打开"命令，会弹出"打开"对话框，在 myweb 站点文件夹中选择要转换为模板的网页文件 moban.html，然后单击"打开"按钮。

（2）将当前打开的文档转换为模板时，可以使用的方法如下所述。

方法一：选择"文件"→"另存为模板"命令。

方法二：选择"插入"→"模板对象"→"创建模板"命令。

方法三：单击"插入"工具栏中的"创建模板"按钮。有时"插入"工具栏是被拖曳到 Dreamweaver CS6 窗口右侧面板组处的，这时可以在"插入"面板中选择"常用"→"创建模板"选项，如图 7-6 所示。

图 7-6　选择"创建模板"选项

（3）设置模板的保存位置及名称。在"另存模板"对话框中可以看到，模板默认保存在当前站点中，并使用网页文件的名称 moban 作为模板的名称。单击"保存"按钮，会弹出"要更新链接吗？"对话框，单击"是"按钮，则刚才打开的网页文件会另存为一个模板，并自动保存在当前站点根目录下的 Templates 文件夹中。

（4）单击当前"文档"窗口中的"还原"按钮，在"文档"窗口处于还原状态时可以看到标题栏处显示"<<模板>>moban.dwt(XHTML)"字样，表明当前文档是一个模板，如图 7-7 所示。

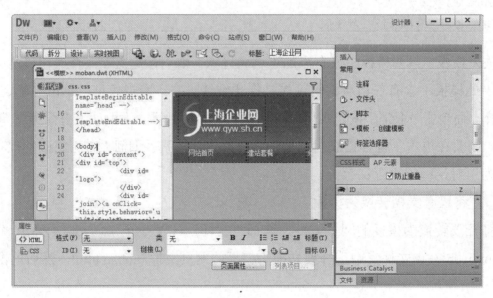

图 7-7　模板文档标题栏处显示的字样

试一试

打开本书素材中的"素材\项目 7\试一试\02\myweb\html\GuanYuWoMen\42.html"文件，

将该网页文件转换为以页头、页脚和主体部分右侧的用户登录、服务项目、最新客户及网站调查 4 个板块为公共内容的模板文件 blycmoban.dwt。

任务 3　编辑模板

任务目标

（1）了解编辑模板的方法。
（2）掌握在模板中设置可编辑区域的方法。

任务描述

前面介绍了如何创建模板，下面介绍如何制作模板及在模板中设置可编辑区域。

任务分析

空白模板就如同空白网页一样，当创建好空白模板后，可以像编辑普通网页一样在模板中制作公共部分，包括结构和内容。如果已经有制作好的网页文件包含了所需要的公共部分，则可以将其复制并粘贴到模板中，也可以直接将其转换为模板，然后像编辑修改普通网页一样对模板文件进行修改，从而得到需要的公共部分。

可编辑区域是指在基于模板生成的网页文件中可以进行编辑的区域。模板的制作方法与普通网页的制作方法相同。但是如果想要使模板生效，则至少需要设置一个可编辑区域，否则基于模板的页面是不可编辑的。在关闭或保存模板文件时，如果用户没有创建任何可编辑区域，则 Dreamweaver CS6 会弹出警告信息对话框提醒用户。

操作步骤

步骤 1：编辑模板。

（1）打开本项目任务 2 中创建的模板 moban.dwt，可以使用的方法如下所述。

方法一：在"资源"面板的"模板"子面板中选中该模板，单击右下方的"编辑"按钮，即可打开模板。

方法二：在"文件"面板中选中模板并双击即可打开该模板。

方法三：选择"文件"→"打开"命令，在弹出的"打开"对话框中找到该模板并打开即可。

（2）像编辑普通网页一样对模板进行编辑。

切换到"拆分"视图，并定位到代码区域的第 63 行，即定位到时间条下方。然后选择"插入"→"布局对象"→"Div 标签"命令，会弹出"插入 Div 标签"对话框，在"ID"文本框中输入 main，单击"确定"按钮，在页头（包含 LOGO、导航条、Banner 和时间条等）与页脚（包含网络推广、LOGO、公司地址、联系方式和版权信息等）之间的主体区域中添加 ID 为 main 的 Div 标签，如图 7-8 所示，用于放置各页面之间不同的内容。

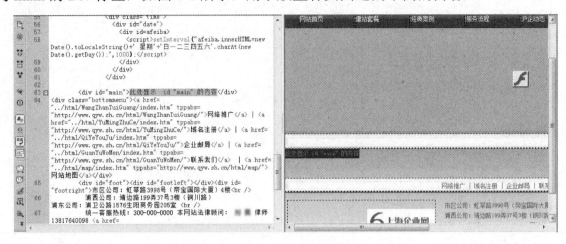

图 7-8　添加 ID 为 main 的 Div 标签

步骤 2：定义模板可编辑区域。

（1）在 Banner 下方的时间条前端定义可编辑区域"导航路径"。

首先，将光标移动到要插入可编辑区域的位置，即 Banner 下方的时间条前端，"代码"视图显示为第 55 行代码"<div class="time">"。然后选择"插入"→"模板对象"→"可编辑区域"命令，在弹出的"新建可编辑区域"对话框中，将自动生成的可编辑区域名称 EditRegion3 修改为"导航路径"，然后单击"确定"按钮，即可将名称为"导航路径"的可编辑区域插入指定位置，如图 7-9 所示。

图 7-9　插入的名称为"导航路径"的可编辑区域

（2）将步骤 1 中在主体区域添加的 ID 为 main 的 Div 标签定义为可编辑区域。

选中 ID 为 main 的 Div 标签，即 ID 为 main 的 Div 标签变为蓝色选中状态，在"代码"视图中可以看到第 63 行代码"<div id="main">此处显示 id"main"的内容</div>"处于反白选中状态，然后按下 Ctrl+Alt+V 组合键，将指定的 Div 标签区域设置成名称为"主体内容"的可编辑区域，如图 7-10 所示。

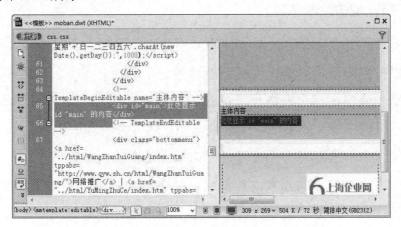

图 7-10　名称为"主体内容"的可编辑区域

知识链接

1. 模板的特征

在创建模板以后，还需要定义可编辑区域才能使用模板来创建网页，以及将模板应用到网页中。模板文件最显著的特征就是存在可编辑区域和不可编辑区域。可编辑区域不是必须依附于表格、层等对象的，而是可以单独存在的，只需要定位好位置后进行创建操作即可。可编辑区域会随着添加内容的增多而伸展，因此不用担心可编辑区域太小而无法添加所需的内容。

2. 可编辑区域的显示

Dreamweaver CS6 会自动在模板头部生成两个可编辑区域，它们的名称分别是 doctitle 和 head，用于在基于模板生成的页面中修改网页标题或添加头部信息等，在"代码"视图中可以看到区域开始代码及结束代码，代码如下：

```
<!-- InstanceBeginEditable name="doctitle" -->
<!-- InstanceEndEditable -->
```

```
<!-- InstanceBeginEditable name="head" -->
<!-- InstanceEndEditable -->
```

用户添加的可编辑区域不仅可以在"代码"视图中看到区域开始代码及结束代码，也可以在"设计"视图中看到其被高亮显示的矩形边框围绕，该矩形边框使用"首选参数"对话框中的"标记色彩"设置了可编辑区域的颜色，并且在该矩形边框的左上角显示了该区域的名称。

3．可编辑区域的删除

不需要的可编辑区域可以通过选择"修改"→"模板"→"删除模板标记"命令进行删除。

4．使用可编辑区域的注意事项

（1）在对可编辑区域进行命名时不能使用双引号、单引号、小于号和大于号等特殊字符。

（2）同一个模板中的多个可编辑区域不能重名。

（3）可以将整个表格、整个表格行或单独的单元格标记为可编辑区域，但是不能在多个单元格周围创建可编辑区域。如果<td>标签被选中，则可编辑区域中包括单元格周围的区域；如果<td>标签未被选中，则可编辑区域将只影响单元格中的内容。

（4）层和层的内容是单独的元素。当使层可编辑时，则可以更改层的位置及内容；当使层的内容可编辑时，则只能更改层的内容，而不能更改层的位置。

（5）如果想要在网页文件中插入可编辑区域，则 Dreamweaver CS6 会自动将该网页文件转换为模板。

（6）可编辑区域不能嵌套插入。如果在可编辑区域中再次插入可编辑区域，则 Dreamweaver CS6 会提示"选定内容已位于可编辑、重复或可选区域中"。

 拓展与提高

1．模板重复区域

在模板中还可以创建重复区域，重复区域是指可以根据需要在基于模板生成的页面中复制任意次数的模板部分。使用重复区域可以通过重复特定项目来控制页面布局，如目录项、说明项和列表项等。重复区域通常用于表格，但是也可以为其他页面元素定义重复区域。可以使用"重复区域"在模板中复制任意次数的指定区域，也可以使用"重复表格"创建包含重复行的表格式的可编辑区域。重复区域是不可编辑的，若想要使重复区域中的内容可以编辑，则必须在重复区域中插入可编辑区域。

2．模板可选区域

在模板中也可以创建可选区域，可选区域是指可以将其设置为在基于模板生成的网页文件中显示或隐藏的区域。可以通过选择"修改"→"模板属性"命令来设置可选区域的显示或隐藏。可选区域有以下两种类型。

（1）不可编辑的可选区域：在基于模板生成的网页文件中可以显示或隐藏该区域，但是不允许编辑该区域中的内容。

（2）可编辑的可选区域：用户可以自己设定是否显示标注的区域，并且能够编辑该区域中的内容。

试一试

打开本项目任务 2 "试一试"中创建的模板文件 blycmoban.dwt，保留页头、页脚和主体区域右侧的用户登录、服务项目、最新客户及网站调查 4 个板块等公共内容，将 Banner 下方的时间条前端 class 为 path 的 Div 标签定义为可编辑区域"导航路径"，将主体区域左侧 ID 为 main-left 的 Div 标签设置为可编辑区域"主体左侧"。

任务4　应用模板

任务目标

（1）掌握创建基于模板的页面的方法。
（2）掌握更新基于模板的页面的方法。
（3）掌握从模板中分离页面的方法。
（4）了解将模板应用于已经存在的页面的方法。

任务描述

前面介绍了如何创建及编辑模板，下面介绍如何应用模板。

任务分析

在将页面中相同的部分制作成一个模板文件后，可以通过模板来快速创建这些相似的页面。只需要在应用了模板的页面中进行修改，就可以制作出风格相似，但是又有区别的页面。模板一旦被更新，那么应用了模板的页面就都可以随之更新，从而极大地提高了工作效率，避免了反复修改。当需要对页面中受不可编辑区域限制而被锁定的区域进行编辑时，可以将页面从模板中分离出来。使用模板不仅可以创建基于模板的新页面，还可以将模板应用于已经存在的页面。

操作步骤

步骤 1：创建基于模板的页面。

（1）选择"文件"→"新建"命令，在弹出的"新建文档"对话框中，选择"模板中的页"选项卡，然后在"站点"列表框中选择"myweb"选项，在"站点'myweb'的模板"列表框中选择"moban"选项，最后单击"创建"按钮，即可在"文档"窗口中按照模板中的设置创建基于模板的新文档 Untitled-1，其右上方有"模板：moban"标记，表示此文档与 moban 模板关联，并且当鼠标指针指向不可编辑区域时显示为禁止编辑状态"Ø"。

（2）在新文档的可编辑区域中编辑如图 7-11 所示的新闻页面，在编辑完网页标题、导航路径及主体内容后，选择"文件"→"保存"命令，将新文档保存到 myweb\html\ GongSiXinWen 文件夹中，并将其命名为 gsxw257.html。

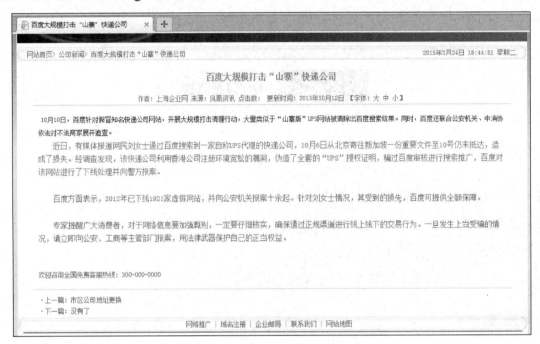

图 7-11　基于模板的新闻页面

使用同样的方法，可以利用模板快速创建几十个乃至上百个页面。

步骤 2：更新基于模板的页面。

（1）在模板文件 moban.dwt 中将导航栏中的"客户反馈"修改为"客户留言"，可以看到有变更的文件标示了更新标记 moban.dwt* ×（在保存之后更新标记*将消失），然后选择"文件"→"保存"命令，保存模板更新的内容，此时自动弹出"更新模板文件"对话框，如图 7-12 所示。

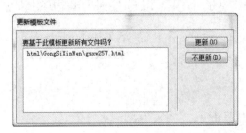

图 7-12　"更新模板文件"对话框

（2）单击"更新"按钮，则不可编辑区域中不相同的公共内容会被更新为相同内容，可以看到基于模板文件 moban.dwt 生成的网页 gsxw257.html 的导航栏中的"客户反馈"已经更新为"客户留言"，并且文件名处显示了更新标记*。如果单击"不更新"按钮，或者没有弹出"更新模板文件"对话框，则可以在以后选择"修改"→"模板"→"更新当前页"或"更新页面"命令时进行更新。

在"更新页面"窗口中，可以在"查看"右侧的第一个下拉列表中选择"整个站点"选项，然后在其右侧的第二个下拉列表中选择站点名称，即可更新所选站点中所有应用了模板的页面。也可以在"查看"右侧的第一个下拉列表中选择"文件使用"选项，然后在其右侧的第二个下拉列表中选择模板名称，如图 7-13 所示，即可只更新基于特定模板的页面。如果基于模板的页面有几十个乃至上百个，则它们都可以被更新。可以在"状态"列表框中看到文件更新情况。重新打开被更新的页面，可以看到页面已经更新。如果被更新的页面当前已经处于打开状态，则可能看不到即时更新标记及效果，可以在关闭页面后重新打开或在如图 7-14 所示的"Dreamweaver"对话框中单击"是"按钮，重新加载后即可查看页面更新后的效果。

图 7-13　"更新页面"窗口

图 7-14　"Dreamweaver"对话框

步骤 3：分离基于模板的页面。

如果想要对基于模板的页面中的锁定区域进行修改，则必须先把页面从模板中分离出来。一旦页面被分离出来，就可以像没有应用模板的普通网页一样进行编辑。但是当模板被更新时，该页面将不能随之被更新。

（1）打开要分离的网页文件 gsxw257.html。

（2）选择"修改"→"模板"→"从模板中分离"命令，即可把页面从模板中分离出来。

在与模板分离后，可以看到文档右上方的"模板：moban"标记没有了，并且当鼠标指针指向原来不可编辑的区域时也不再显示为禁止编辑状态"⊘"。

知识链接

应用模板到已经存在的页面

除了可以通过"新建模板中的页"操作创建基于模板的页面，还可以将已经存在的页面通过"应用模板到页"功能与模板建立关联。

（1）应用模板到空白页。新建 HTML 空白页或打开已经保存但是并未编辑过任何信息的空白 HTML 文档，然后选择"修改"→"模板"→"应用模板到页"命令，在弹出的"选择模板"对话框中，选择要应用的模板，单击"选定"按钮，如图 7-15 所示，即可将模板应用到当前空白页。

（2）应用模板到已经编辑过的页面。当将模板应用到已经进行过更改的文档时，Dreamweaver CS6 会尝试将文档中发生改变的 head 部分的内容或 body 部分的内容与模板中的可编辑区域进行匹配。打开要应用模板的文档，如前面与模板分离后的网页文件 gsxw257.html，在选择 moban 模板进行应用后，会弹出"不一致的区域名称"对话框，如图 7-16 所示。当为对话框中显示的每一项文档区域选择好移动到模板的哪个新区域后，单击"确定"按钮，则现有文档的内容将应用到模板中，可以看到选择"不在任何地方"选项的文档的 head 区域内容被丢弃，选择"主体内容"选项的文档的 body 区域内容被移动到名称为"主体内容"的可编辑区域中。如果在如图 7-16 所示的对话框中单击"取消"按钮，则将取消模板应用到文档的操作。也可以在应用模板后选择"编辑"→"撤销应用模板"命令，或者按下 Ctrl+Z 组合键，进行撤销操作。

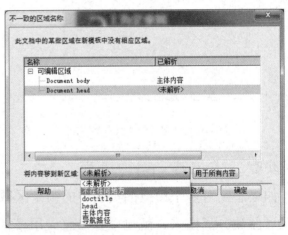

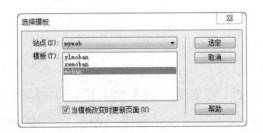

图 7-15 "选择模板"对话框　　　　　图 7-16 "不一致的区域名称"对话框

如果在如图 7-16 所示的对话框中显示了"<未解析>"区域，则在单击"确定"按钮后，会弹出提示信息对话框，如图 7-17 所示。

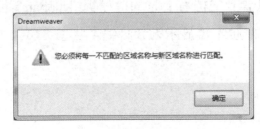

图 7-17 提示信息对话框

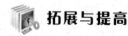**拓展与提高**

1．资源管理

"站点"面板组中有"资源"面板，可以对资源进行分类组织和管理，并以列表形式显示。如果想要显示该网站中的所有图像（无论是否使用），则可以直接在"资源"面板中将资源拖动到插入点所在的位置，这样不仅方便，还能在某个资源改变后，使所有使用该资源的网页的信息得到及时更新。

2．应用"资源"面板管理模板

（1）打开"资源"面板。选择"窗口"→"资源"命令，在勾选"资源"复选框后可以在 Dreamweaver CS6 窗口的右侧面板组中看到"资源"面板。

（2）在"资源"面板中，单击其左侧的"模板"按钮，可以打开"模板"子面板，在此可以完成有关模板的创建、编辑、重命名、应用和更新等操作。例如，在"模板"列表框中选择相应的模板，然后单击下方的"应用"按钮，即可在当前文档中应用该模板。

试一试

创建基于本项目任务 3 中定义的可编辑区域模板文件 blycmoban.dwt 的页面，如经典案例页面，在编辑如图 7-18 所示主体区域左侧的内容后保存页面，并进行更新、分离等操作。

图 7-18　经典案例页面

任务 5　应用库项目

任务目标

（1）理解库项目的作用。

（2）掌握创建库项目的方法。

（3）掌握插入库项目的方法。

（4）掌握更新库项目的方法。

（5）掌握分离库项目的方法。

任务描述

在 Dreamweaver CS6 中，除了可以使用模板功能来减少重复性操作，利用库项目同样可以实现对文件风格的维护。很多网页带有相同的内容（如图像、文本和其他对象），可以将这些文件中的共有内容定义为库项目，并插入需要这些页面元素的网页文件中。

任务分析

将站点中多个页面都要用到的页面元素创建成库项目，可以满足重复使用或频繁更新维护的需要。利用库项目可以将一个固定内容（如联系方式、最新客户等）插入多个页面中。当需要更新时，只需要改变库项目文件就能使站点中的相关页面得到更新。库项目是一种特殊的 Dreamweaver 文档，其扩展名为.lbi，存储在站点中的 Library 文件夹中。这个文件夹是第一次在"资源"面板中创建库项目时系统自动生成的，不能随意对其进行修改，否则库项目将不能正常使用。库项目比模板灵活，可以插入页面中的任何位置，而不会固定在同一位置。

可以新建一个空白库文件，也可以使用文档 body 部分中的任意元素创建库文件。将经常用到的图像、文字、链接、广告条、页头内容和页脚内容等制作成库项目是最合适的。

当修改库项目时，会更新使用该库项目的所有文档。如果选择不更新，则文档将保持与库项目的关联，可以在以后进行更新。

操作步骤

步骤 1：创建空白库项目。

方法一：首先确保没有在"文档"窗口中选中任何内容，然后单击"资源"面板左侧的"库"按钮，打开"库"子面板，单击右下方的"新建库项目"按钮，此时文件名为 Untitled

的新库项目自动创建到当前站点的 Library 文件夹中（如果 Library 文件夹不存在，则系统会自动生成该文件夹），如图 7-19 所示。

图 7-19　在"资源"面板中新建库项目

方法二：在"新建文档"对话框中，选择"页面类型"列表框中的"库项目"选项，也能创建空白库项目。即使当前选中了内容，使用这种方法也能创建空白库项目，只是新库项目不能自动生成到 Library 文件夹中，需要手动选择保存位置为 Library 文件夹。

步骤 2：将现有内容转换为库项目。

（1）在"文档"窗口中选中要转换为库项目的对象。

（2）创建库项目。可以使用的方法如下所述。

方法一：在"资源"面板的"库"子面板中，单击右下方的"新建库项目"按钮■。

方法二：按住鼠标左键将被选中的对象拖动到"库"子面板中。

方法三：在"资源"面板的"库"子面板中，单击右上方的菜单按钮■，在弹出的下拉菜单中选择"新建库项目"命令。

方法四：在"资源"面板的"库"子面板中的列表框的空白处右击，在弹出的快捷菜单中选择"新建库项目"命令。

方法五：选择"修改"→"库"→"增加对象到库"命令。

可以看到在执行以上创建库项目的操作后，被选中的对象转换为"库"列表框中出现的 Untitled2 库项目，文档中被选中的对象变为对 Untitled2 库项目的引用，前后添加了引用库项目内容的开始代码与结束代码，代码如下：

```
<!-- #BeginLibraryItem "/Library/Untitled2.lbi" -->
```

```
<!-- #EndLibraryItem -->
```

转换后的被选中的对象变为淡黄色，同时标签栏处显示 mm:libitem 标签，窗口下方显示库项目的"属性"面板，如图 7-20 所示。

（3）如果被选中的对象应用了 CSS 样式，则在将其转换为库项目时会弹出警告信息，如图7-21所示。如果单击"确定"按钮，则创建库项目；如果单击"取消"按钮，则放弃创建库项目。

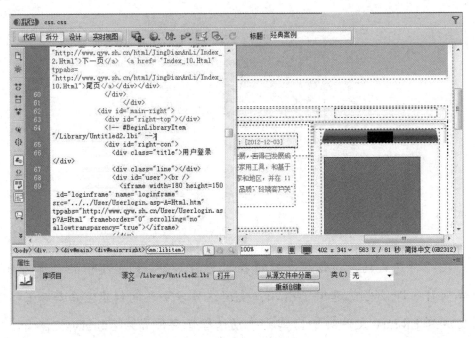

图7-20 将现有内容转换为库项目

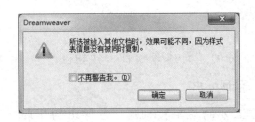

图7-21 警告信息

（4）为新创建的库项目设置名称，如果内容中含有链接，则会询问是否更新链接，单击"更新"按钮。注意观察库项目"属性"面板中源文件名称是否随之变化，如果在命名前做了其他操作，则源文件名称会保持为原名称，而选中内容则会与改名后的库项目失去连接。单击"打开"按钮，提示找不到源文件；单击"重新创建"按钮，可以重新创建原名称的库项目；单击"从源文件分离"按钮，可以将选中内容恢复到初始可编辑状态。

步骤3：插入库项目。

（1）将光标移动到页面中的合适位置。

（2）在"库"列表框中选择要添加的库项目，然后单击左下方的"插入"按钮，即可将其插入页面中。

步骤4：删除库项目。

在"库"列表框中选择要删除的库项目，然后单击右下方的"删除"按钮，即可将其删除。

步骤5：重新创建库项目。

如果库项目被误删除了，则可以在页面中选择该库项目中的一个实例，然后单击库项目

"属性"面板中的"重新创建"按钮，重新创建被误删除的库项目。如果库项目还存在，则单击"重新创建"按钮会弹出是否覆盖现存库项目的提示信息。

步骤 6：编辑库项目。

在"库"列表框中，双击要修改的库项目，可以打开该库项目，然后根据需要可以像编辑普通网页一样修改库项目中的内容。

步骤 7：更新库项目。

（1）选择"修改"→"库"→"更新当前页"命令，可以对当前页面进行更新。

（2）选择"修改"→"库"→"更新页面"命令，会弹出"更新页面"对话框，可以设置使用库项目中的最新内容更新整个站点，或者只更新插入特定库项目的页面。

（3）在修改库项目后进行保存，会弹出"更新库项目"对话框，单击"更新"按钮，则所有应用此库项目的页面都会自动更新。

步骤 8：分离库项目。

（1）打开插入了库项目的网页文件，选中页面中要分离的库项目。

（2）将页面中当前被选中的对象与库项目分离。可以使用的方法如下所述。

方法一：单击库项目"属性"面板中的"从源文件中分离"按钮。

方法二：右击页面中要分离的库项目，在弹出的快捷菜单中选择"从源文件中分离"命令。

（3）在弹出的"Dreamweaver"对话框中，单击"确定"按钮，则当前被选中的对象即可从库项目中分离出来，并恢复为可编辑状态。但是，当再对库项目进行修改时，此对象将不再随之更改。

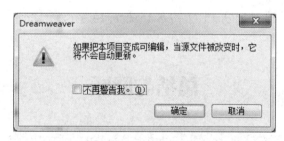

图 7-22　"Dreamweaver"对话框

知识链接

1．库项目的作用

（1）将网页中经常用到的对象制作成库项目，可以是各种各样的页面元素，如文本、图像、表格、表单和 Flash 动画等，库项目可以作为一个对象轻松插入多个页面中，使用灵活、方便、高效。

（2）通过修改库项目，并使用更新命令，即可实现整个网站所有页面中与库项目连接的内容的一次性更新，这是对多个地方重复出现的同一内容进行修改的有效方式。

（3）库项目的功能与模板的功能相似，但是又有所不同。模板可以被整个网页文件反复使用，结构固定；而库项目则可以将页面中的某局部元素多次使用到多个页面中的任意位置。

2．库项目的显示

创建为库项目的内容，当在页面中显示时有淡黄色底纹，而插入页面中的库项目同样有淡黄色底纹，并且处于不可编辑状态。如果需要编辑，则可以通过在库项目中编辑后进行更新来实现，或者与库项目分离后进行编辑，在分离后其不再显示淡黄色底纹。

 拓展与提高

库项目实际上是要插入页面中的一段代码。把库项目插入页面中，就是把该库项目的源代码的一份副本复制到页面中，并创建一个对外部库项目的引用。

在将现有内容转换为库项目时不复制 CSS 样式信息，因为这些对象所使用的 CSS 样式信息代码位于文档的 head 区域中。

重命名库项目会断开其与文档或模板的连接。可以重新创建同名库项目，或者修改名称使其一致，以恢复库项目与页面的连接。

 试一试

将本书素材中的"素材\项目 7\试一试\05\myweb\html\GuanYuWoMen\42.html"页面中的"最新客户"板块创建为库项目，并进行插入、更新和分离等操作。

总结与回顾

网站通常由多个风格统一的网页组成。为了增强一个网站的整体效果，保证站点中的网页整齐、规范、流畅，需要在每个网页中制作一些相同的内容，如相同栏目下的导航条、Banner、各类图标和页脚内容等，这些雷同的制作是需要网站制作者花费大量的时间和精力来完成的，而重复性的工作容易使人乏味、忙中出错。因此，为了减轻网站制作者的工作量，提高工作效率，使网站制作者从大量重复性的工作中解脱出来，Dreamweaver 提供了模板和库功能。使用模板和库，不仅可以使网页的创建和更新变得高效，也可以使网站的维护变得轻松。

关于模板需要掌握的内容有创建模板、编辑模板、定义模板可编辑区域、删除模板、创建基于模板的页面、更新基于模板的页面、从模板中分离页面和将模板应用于已经存在的页面等。

关于库项目需要掌握的内容有创建库项目、插入库项目、重命名库项目、删除库项目、重新创建已删除的库项目、编辑库项目、更新库项目和分离库项目等。

实训　使用模板和库的方式快速完善网站

任务描述

请生成如图 7-23 所示的站点模板，并以其为基础，使用模板和库的方式快速制作出具有统一外观及结构的"首页"、"产品分类"、"解决方案"和"联系我们"等页面。

图 7-23　站点模板

任务分析

"芯片荒"席卷全球，这无不提醒我们科技强国的重要性。现在我们计划创建"走向云物移大智"主题网站，让更多的人了解新技术，发展新科技。在规划这一网站时，我们发现，子页面适合使用与首页相同的页头及页脚，为了避免重复操作，正好可以使用模板和库的方式，先将网页背景、页头和页脚等设计完成并生成网页模板，再基于该模板生成新网页，完善相应页面上不同于其他页面的部分。此外，页面主体部分也可以使用库项目的方式设计一些板块，以便多次调用。

为了熟练掌握模板和库的使用方法，并能够灵活应用模板和库来解决频繁制作具有相同内容的页面的麻烦，可以多尝试制作不同主题的网站来强化训练。比如，传承与发展中华优秀传统文化的网站，在主结构相似的多个页面中分别引入传统文学、传统节日、传统工艺、传统技艺和传统用具等内容；或者是各企业、事业单位党史学习教育宣传的网站，在主结构相似的多个页面中分别引入党史百年、党史问答、党史百科和党史书架等内容。

习题 7

1．填空题

（1）模板文件默认保存在站点根目录下的_____文件夹中，扩展名是_____。

（2）库项目默认保存在站点根目录下的_____文件夹中，扩展名是_____。

（3）在创建一个 Dreamweaver 模板时，必须在该模板中加入一个_____区域，以便在把该模板应用到某个网页后，网页能被正常使用。

2．选择题

（1）如果想让页面具有相同的布局，那么比较好的方法是使用（　　　）。

    A．库　　　　　　　　　　　B．模板

    C．模板或库均可　　　　　　D．每个页面单独设计

（2）在模板中不能定义的模板区域类型是（　　　）。

    A．可编辑区域　　　　　　　B．可选区域

    C．重复区域　　　　　　　　D．锁定区域

（3）在更新库项目时，以下说法中正确的是（　　　）。

    A．基于模板生成的网页会自动更新

    B．应用库项目的网页会自动更新

    C．基于模板生成的网页不会自动更新

    D．应用库项目的网页不会自动更新

（4）在编辑模板时可以定义，但是在编辑网页时不可以定义的是（　　　）。

    A．可编辑区域　　　　　　　B．可选区域

    C．重复区域　　　　　　　　D．框架

（5）下列说法中正确的是（　　　）。

    A．在将网页文件从网页模板中分离后，整个网页文件都将变为可编辑的

    B．在某个网页中使用了库项目以后，只能更新不能分离

    C．基于模板生成的网页文件只能在模板保存时得到更新

    D．几个不同的单元格及内容可以设置为同一个可编辑区域

（6）在制作模板的过程中，在命名可编辑区域或锁定区域时不能使用的符号有（　　）

  A．单引号   B．双引号

  C．尖括号   D．反斜杠

3．简答题

（1）简述创建并应用模板的作用及操作步骤。

（2）简述创建并应用库项目的作用及操作步骤。

网站的测试、部署与发布

一个网站从建立到投入使用通常需要遵循以下顺序：合理规划站点、构建本地站点和远程站点、站点的测试、站点的上传与发布。

在完成了本地站点中所有页面的设计与制作后，必须经过必要的测试，当网站能够稳定工作后，才可以将站点上传到远程 Web 服务器中，成为真正的站点，这就是站点的发布。Dreamweaver CS6 能够很轻松地完成站点的测试和发布。

项目目标

（1）掌握网站空间的申请方法。

（2）掌握本地站点的测试方法。

（3）掌握网站的发布方法。

（4）做好网站的推广和宣传。

项目描述

在发布网站前需要在 Internet 中申请网站空间，用于指定网站或主页在 Internet 中的位置。发布网站一般使用远程文件传输协议（File Transfer Protocol，FTP）将站点文件上传到服务器中申请的网址目录下，也可以直接使用 Dreamweaver CS6 的"发布站点"命令进行上传。

任务 1   申请网站空间

任务目标

（1）了解申请域名的形式。

（2）了解申请域名的步骤。

（3）申请网站空间。

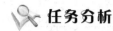 **任务描述**

想要将自己的站点发布到 Internet 中，需要先注册一个域名，再申请一个网站空间。

任务分析

本任务为创建个人网站申请域名。

操作步骤

步骤 1：查询域名。

在申请注册域名之前，用户必须先检索自己选择的域名是否已经被注册，最简单的方式是上网查询。

（1）域名注册分为个人注册域名和公司注册域名，分别需要个人和公司的信息，如身份证号、公司营业执照号、法人身份证号等。现在国内可以进行域名注册的地方有很多，价格也不一样，如万网网站，如图 8-1 所示，在网站中查询想要注册的域名，根据提示申请个人账号，注册并付款。

图 8-1　万网网站

（2）现在国内注册域名有实名认证的手续，即注册域名后需要给自己的域名注册商提供域名持有人的身份证扫描件，一般域名管理后台都可以上传，但是也有例外。例如，万网网站中可供注册的 cn 域名，如果想要注册此类域名，则需要在万网网站中填表，要求实名制。

步骤 2：申请注册免费域名。

免费域名只提供域名，不提供网站空间，因此这种域名实际上只提供一种转向功能，并不能真正地发布网站。

用户可以在凡科网网站上直接联机填写域名注册申请表并提交，如图 8-2 所示，在填写完毕后单击"免费注册"按钮即可。中国互联网络信息中心（CNNIC）会对用户提交的域名注册申请表进行在线检查。

图 8-2　申请注册免费域名

知识链接

1．域名后缀

域名有很多后缀，如 com、org、net 等。后缀不同，其代表的意思也不同，如 com 代表国际、org 代表组织、cn 代表中国。如果是个人或公司注册域名，则建议首选 com 后缀；如果没有 com 后缀，则也可以选择 org 后缀。

2．网站空间的分类

网站空间是存放网站程序代码和数据的地方。

网站空间根据大小可以分为多种，如 100MB、300MB、500MB 等；根据支持语言，可以分为静态、ASP、PHP 等。一般而言，在购买网站空间时还需要考虑虚拟主机、虚拟专用服务器（Virtual Private Server，VPS）和租用服务器。

网站空间分为国内的网站空间和国外的网站空间，它们的主要区别如下所述。

（1）速度。一般而言，在国内访问国外的网站空间的速度没有访问国内的网站空间的速度快。

（2）ICP 备案。国内正规网站空间提供商都需要通过 ICP 备案才能使自己的域名绑定，然后才能开通网站访问服务，而国外及中国香港和中国台湾地区的网站空间都不需要 ICP 备案。

拓展与提高

1．虚拟主机、VPS、服务器

个人网站、小型企业网站一般在流量不多的情况下可以采用虚拟主机，因为这样便宜、实惠。其缺点是同一 IP 地址下要存放很多网站，在做 SEO 优化的过程中容易被其他性能不良的网站牵连（也有独立 IP 地址的虚拟空间，但是一般价格比较贵）。

如果认为自己的网站已经有一定流量了，或者有很多网站需要建设，则可以选择 VPS，VPS 是虚拟的一个小型服务器。

2．建立自己的网站

想要建立自己的网站，就要选择适合自身条件的网站空间，网站空间的主要类型如下所述。

（1）购买自己的服务器。

（2）租用专用服务器。

（3）使用虚拟主机。

（4）使用免费网站空间。

综上所述，用户可以根据需要来选择合适的方式。如果用户只是想要拥有一个自己的 WWW 网站，则只需要加入一个 ISP 即可得到；如果用户想要尝试当网管的乐趣，则可以考虑申请虚拟主机服务，且租用虚拟主机的费用并不高；如果用户想要建立专业的商业网站，则最好租用专用服务器或购买自己的服务器。

试一试

申请虚拟主机服务，建立自己的网站。

任务 2　本地站点的测试

任务目标

（1）检测浏览器的兼容性。

（2）检查站点的链接错误。

（3）在浏览器中预览站点。

任务描述

在发布网站之前先使用 Dreamweaver CS6 站点管理器对自己的网站文件进行检查和整理。这一步很重要，可以找出失去连接的链接、错误的代码和未使用的孤立文件等，以便进行纠正和处理。

任务分析

在"结果"面板组中检查整个网站中失去连接的链接、错误的代码和未使用的孤立文件等，以便进行纠正和处理。

操作步骤

步骤 1：检测浏览器的兼容性。

Dreamweaver CS6 的"检查目标浏览器"功能可以检测当前 HTML 文档、整个本地站点或站点窗口中选中的一个或多个文件或文件夹在目标浏览器中的兼容性，查看哪些标签属性在目标浏览器中不兼容，以便对文档进行修正和更改。

检测浏览器兼容性的主要步骤如下所述。

（1）选择"窗口"→"结果"→"浏览器兼容"命令，打开"结果"面板组，查看浏览器的兼容性，如图 8-3 所示。

图 8-3　"浏览器兼容性"面板

（2）在"浏览器兼容性"面板的左侧单击 按钮，在弹出的下拉菜单中选择"设置"命令，然后在弹出的"目标浏览器"对话框中，可以选择一个或多个浏览器进行检测，如图 8-4 所示。

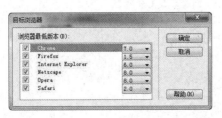

图 8-4　"目标浏览器"对话框

（3）然后单击"确定"按钮，设置要检测的目标浏览器。

步骤 2：检查网站链接。

选择"窗口"→"结果"→"链接检查器"命令，打开"结果"面板组，查看链接是否有误，如图 8-5 所示。

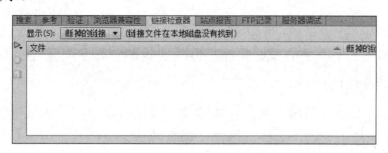

图 8-5　"链接检查器"面板

图 8-6 所示为链接检查器检查出的本网站与外部网站的链接的全部信息，而对于外部链接，由于链接检查器不能判断正确与否，因此在"断掉的链接"列中重新输入链接地址即可。

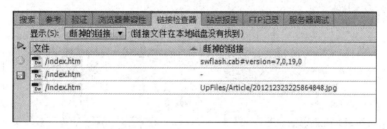

图 8-6　检查断掉的链接

图 8-7 所示为链接检查器找出的孤立文件，这些孤立文件在网页中没有使用，但是仍在网站的文件夹中存放，并且在上传后会占用有效空间，因此应该将这些孤立文件清除。清除孤立文件的方法如下：先选中孤立文件，再按下 Delete 键，则这些孤立文件就会被放在"回收站"中了。

图 8-7　检查孤立的文件

如果不想删除这些孤立文件，则可以单击如图 8-7 所示的"链接检查器"面板中的"保存报告"按钮，在弹出的对话框中设置报告文件的保存路径和文件名即可。该报告文件为一个检查结果列表。用户可以参照此列表进行处理。

步骤3：在浏览器中预览站点。

按下 F12 键，则可以在常用的浏览器中预览整个站点的最终效果。

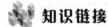 **知识链接**

1．检查链接

用户可以在如图 8-5 所示的"链接检查器"面板的"显示"下拉列表中选择下面三个选项中的一种形式进行检查。

（1）断掉的链接：检查文档中是否存在断开的链接，这是默认选项。

（2）外部链接：检查文档中的外部链接是否有效。

（3）孤立的文件：检查站点中是否存在孤立文件，此选项只有在检查整个站点时才能启用。

2．修复错误的链接

修复错误的链接可以使用以下两种方法。

（1）通过"属性"面板来修复错误的链接，如图 8-8 所示。

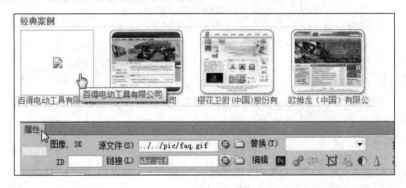

图 8-8 通过"属性"面板来修复错误的链接

（2）通过"链接检查器"面板来修复错误的链接。

3．网页的测试

在测试网页时主要做如下工作。

（1）检查浏览器的兼容性。

（2）检查超级链接的内容。

（3）检查字体等是否可以正常显示。

（4）监测页面的大小及下载速度。

 试一试

打开自己的网站，检查站点的链接错误。

任务 3　网站的发布

任务目标

（1）设置远程站点。

（2）连接服务器。

（3）文件的上传。

任务描述

在纠正链接错误和整理多余文档后，需要发布网站。

任务分析

在制作好完整的网站后，需要将其上传到服务器中，以便其他网络用户可以浏览自己的网站信息。

操作步骤

如果是第一次上传文件，则当远程 Web 服务器根文件夹是空文件夹时，应按照以下操作步骤进行操作；如果不是空文件夹，则应另行操作。

步骤 1：设置本地站点。

在 Dreamweaver CS6 中，选择"站点"→"管理站点"命令，选择一个站点（本地根文件夹），然后单击"编辑"按钮，在弹出的"站点设置对象 上海企业网"对话框中，进行本地站点的设置，如图 8-9 所示。

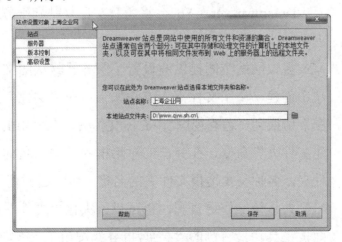

图 8-9　设置本地站点

步骤 2：设置服务器（远程站点）。

选择"服务器"选项卡，然后在"链接方法"下拉列表中选择"FTP"选项。在设置其他相关内容后，单击"测试"按钮，会弹出"Dreamweaver 已成功连接到您的 Web 服务器。"提示信息，如图 8-10 所示。如果连接不成功，则应检查设置或咨询系统管理员。

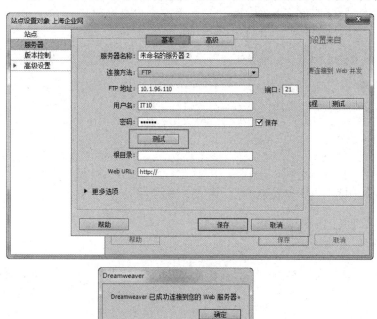

图 8-10　设置服务器及弹出的提示信息

步骤 3：上传文件。

在设置本地站点和服务器（空文件夹）后，可以将文件从本地站点根文件夹上传到 Web 服务器中。

在"文件"面板中，选择站点的本地根文件夹，然后单击"文件"面板工具栏中的"上传文件"按钮，如图 8-11 所示。

图 8-11　上传文件

Dreamweaver CS6 会将所有文件复制到服务器默认的远程根文件夹中。

多数网站空间提供商设置了服务器默认的文件夹，可以在此文件夹中创建一个空文件夹，方法如下：在"文件"面板中，由"本地视图"切换到"远程视图"；右击文件夹，在弹出的快捷菜单中选择"新建文件夹"命令，在弹出的对话框中，输入名称，将其用作远程根文件夹，名称与本地根文件夹的名称一致，这样便于操作。

为了使操作更直观，也可以最大化"文件"面板。单击"文件"面板工具栏最右侧的"扩展/折叠"按钮，最大化"文件"面板，如图 8-12 所示，其左侧为远程服务器内容，右侧为本地文件内容。

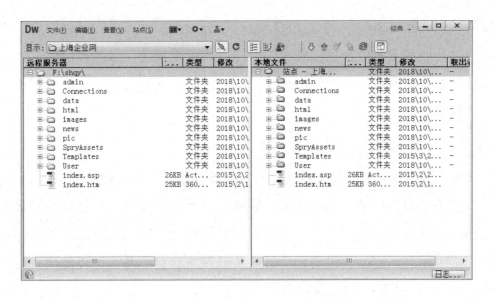

图 8-12　最大化的"文件"面板

单击"上传文件"按钮，则 Dreamweaver CS6 会将所有文件复制到定义的远程根文件夹中。

步骤 4：测试站点。

在文件上传完毕后，在其他计算机的浏览器中输入浏览地址，查看能否访问刚才上传的网站的首页，完成测试。

知识链接

1. 上传网站默认访问地址的配置

第一次上传网站必须搞清楚网站空间提供商指定的服务器默认的存放网页的文件夹，在此文件夹中存放自己的站点文件。网站的访问地址为 http://.../index.htm。

如果在服务器默认的文件夹中建立了与本地根文件夹同名的文件夹，那么在访问网站时需要使用地址 http://.../（网站的文件夹名称）/index.htm。

2. 网站内信息必须遵守网络知识产权

网络资源相对于传统的文字资源有着自己独有的特征，如数字化、网络化、信息量大和种类繁多等，每天的 IE 浏览量堪称天文数字。另外，网络信息更新周期短，开放性强，信息资源不受地域限制，任何联网的计算机都可以上传和下载信息。

在日常工作和生活中，通常发生的网络知识产权的侵权行为方式分为以下几种。

1）网上侵犯著作权的主要方式

根据《中华人民共和国著作权法》第 46 条、第 47 条的规定，凡未经著作权人许可，有不符合法律规定的条件，擅自利用受《中华人民共和国著作权法》保护的作品的行为，即为侵犯著作权的行为。网络著作权内容侵权一般可以分为三类：一是对其他网页的内容完全复制；二是虽然对其他网页的内容稍加修改，但是仍然严重损害了被抄袭网站的良好形象；三是侵权人通过技术手段偷取其他网站的数据，非法做一个和其他网站一样的网站，严重侵犯了其他网站的权益。

2）网上侵犯商标权的主要方式

随着信息技术的发展，跨区域的网络交易为我国偏远地区的农副产品的销售带来了契机，云直播平台也推进了销售渠道，但是我们了解网络商品的主要途径还是浏览网页、点击图片等，而网络的宣传通常难以辨别真假。对于明知是假冒注册商标的商品仍然进行销售，或者利用注册商标用于商品、商品的包装、广告宣传或展览自身产品，即以偷梁换柱的行为来增加自己的营业收入，这是网上侵犯商标权的典型表现。

网络销售实物从食品到家电，应有尽有，难免有一些人低价销售假冒注册商标的商品，来获得更大的利润，这些销售行为实际上已经构成犯罪。

3）网上侵犯专利权的主要方式

互联网上侵犯专利权主要有下列四种表现行为：

① 未经许可，在其制造或销售的产品、产品的包装上标注他人专利号的。

② 未经许可，在广告或其他宣传材料中使用他人的专利号，使人将所涉及的技术误认为是他人专利技术的。

③ 未经许可，在合同中使用他人的专利号，使人将合同涉及的技术误认为是他人专利技术的。

④ 伪造或变造他人的专利证书、专利文件或专利申请文件的。

网络著作权基于作品的创作而产生，其不须经过任何部门的审批，也不要求发表或登记，作品一经创作完成就自动产生权利，受《中华人民共和国著作权法》的保护。2000年11月22日最高人民法院通过的《关于审理涉及计算机网络著作权纠纷案件适用法律若干问题的解释》第2条第2款规定，"著作权法第十条对著作权各项权利的规定均适用于数字化作品的著作权。将作品通过网络向公众传播，属于著作权法规定的使用作品的方式，著作权人享有以该种方式使用或者许可他人使用作品，并由此获得报酬的权利。"

在网络环境下，未经版权所有人、表演者和录音制品制作者的许可，不得将其作品或录音制品上传到网上和在网上传播。

试一试

打开自己的网站，上传文件到服务器中。

任务4　网站的推广和宣传

任务目标

（1）通过搜索引擎免费进行推广。

（2）其他推广方法。

任务描述

一个好的网站想要提升知名度，还需要在网络中进行推广和宣传，使更多的用户访问网站。

任务分析

通过搜索引擎免费进行推广，实现网站的宣传。

操作步骤

网站一定要在内容丰富了之后再推出来，先进行自身的建设是很重要的。也可以找同类型的网站进行友情链接。接下来介绍怎样进行网站的推广和宣传。

步骤1：通过搜索引擎免费进行推广。

（1）使用浏览器访问推目录网站的网站分类目录，如图8-13所示。

图8-13　推目录网站的网站分类目录

（2）进入网站注册会员及登录页面，在线申请提交网站。

（3）进入投稿页面提交自己的网站并等待审核，需要加上网站友情链接。

步骤2：个人网站的推广方法。

（1）在权重高的门户站点中建立博客，每天发布几篇文章，加上自己网站的链接。

（2）做百度知道、SOSO问答。

（3）进行论坛发帖，到新浪论坛等比较高权重的论坛中发帖，增加反向链接及相关域。

（4）去权重高、收录好的网站中发软文，增加反向链接，提升网站权重及相关域。

知识链接

企业网站的推广方法。

（1）搜索引擎推广。搜索引擎推广就是在各个搜索引擎上做付费推广或SEO优化。这需要找专业的人员来操作，新手一般很难操作，因为数据和相关的设置太多。

（2）B2B平台推广。可以在B2B平台上注册账号，然后发布企业信息，一般可以免费发布，想要拥有更多特权可以充值成为会员。发布信息也有技巧，可以多参考同类网站。

（3）社交网站推广。在微博、微信等社交网站上进行推广，这需要很强的文字编辑能力，新颖的文章更能吸引流量。

（4）互动推广。即进行网友品论，提升企业可信度。

以上方法都需要比较熟练的人员操作，建议在初期找网络公司进行操作，这样比较省心，比自己推广要划算很多。做全网营销的公司现在也在增加，可以多做对比。

总结与回顾

本项目介绍了创建一个网站的最后环节，包括申请网站空间、完成网站的测试，以及网站的上传、发布、推广和宣传等。

实训 完成一个小型站点的测试与发布

任务描述

有一个关于瑜伽的网站，打开lianxi文件夹，创建并设置本地站点和远程站点，然后对整个站点进行测试，并上传到远程服务器中，允许其他人在IE浏览器中通过网络访问该站点。

任务分析

一个网站的好坏在于每个链接是否都是正常的，所以需要对站点内部的每个网页进行测试，检查浏览器的兼容性，检查超级链接的内容和字体等是否可以正常显示。在测试完成后再将其上传到服务器中。

习题 8

1．选择题

（1）国际性组织的顶级域名为（　　　）。

    A．int　　　　　　　　　　B．org

    C．net　　　　　　　　　　D．com

（2）本地站点的所有文件和文件夹必须使用（　　　），否则在上传到 Internet 上时可能会导致浏览不正常。

    A．大写字母　　　　　　　B．小写字母

    C．数字　　　　　　　　　D．汉字

（3）下列关于 Dreamweaver CS6 的说法中，错误的是（　　　）。

    A．在 Dreamweaver CS6 中，用户可以定制自己的对象、命令、菜单及快捷键等

    B．Dreamweaver CS6 支持跨浏览器的 Dynamic HTML 和 AP Div 元素样式表

    C．Dreamweaver CS6 不能编辑使用其他网页设计软件制作的网页

    D．Dreamweaver CS6 不仅提供了强大的网页编辑功能，还提供了完善的站点管理机制

（4）在选择"在浏览器中预览"→"调试"→"编辑浏览器列表"命令后，弹出的对话框是（　　　）。

    A．"在浏览器中预览与调试"对话框

    B．"编辑浏览器列表"对话框

    C．"选择图像源文件"对话框

    D．"首选参数"对话框

（5）（　　　）的设置有助于搜索引擎在 Internet 上搜索到网页。

    A．关键字　　　　　　　　B．META

    C．说明　　　　　　　　　D．图片的尺寸

2．填空题

（1）放置在本地磁盘上的网站称为_____，处于 Internet 上 Web 服务器中的网站被称为_____。

（2）Dreamweaver CS6 中提供了_____、_____、_____3 种类型的站点。

3．简答题

（1）在使用 Dreamweaver CS6 搭建好本地站点后，怎样建设远程站点？

（2）在申请域名后如何使用 Dreamweaver CS6 进行测试？

（3）请根据所学知识简述网站建设的基本工作流程。